点状盐生植物覆盖的盐碱地

新疆南疆撂荒的盐碱地

盐碱地的土壤结构

泌盐生植物——柽柳

盐生植物改良盐碱地试验田

真盐生植物——盐角草

盐碱地种植盐地碱蓬（盐地碱蓬早期）

盐碱地种植盐角草

收获时候盐角草改
良效果

明沟排水的排碱渠

排碱渠对棉花的影
响

内 容 提 要

什么是盐碱土？我国盐碱地分布情况如何？什么是盐碱地的特征和成因？什么是酸碱度和八大离子？盐碱地改良有哪些措施？盐碱地改良剂都有哪些？为了搞清楚这些问题，我们通过知识众筹的模式，组织了18家从事盐碱地改良相关研究和应用的企事业单位，在多方征求意见的基础上，通过查阅有关资料，并结合参编人员亲身体会，采用知识问答和案例分析的方式，用深入浅出的文字，编写了本书，回答了102个大家关心的盐碱地改良利用相关的问题。全书共分七章，前六章采用知识问答形式系统介绍了盐碱地改良技术基础、土壤盐分监测分析技术及预警、水利工程改良、农业改良、生物改良、化学改良等内容；第七章介绍应用案例。本书将理论与生产实践紧密结合，反映了当今国内外盐碱地改良技术的最新研究成果、技术水平和先进经验。本书适合灌溉企业、肥料企业、盐碱地改良企业、农业技术推广部门、园林园艺、经济林业等部门的技术与管理人员及种植户阅读，也可供高等农业院校相关专业师生参考。

盐碱地改良技术实用
问答及案例分析

梁 飞 李智强 张 磊 主编

中国农业出版社
北 京

编　委　会

编 写 单 位

新疆农垦科学院
新疆农业科学院
新疆农业大学
清华大学
江苏省农业科学院
巴彦淖尔市农牧业科学研究院
舟山市农林科学研究院
江苏省有色金属华东地质勘查局
赤峰学院
新疆生产建设兵团第二师农业科学研究所
新疆阿勒泰地区农业技术推广中心
成都华宏生物科技有限公司
山东省中环农业科技发展有限公司
贝尔壳生物工程（湖北）有限公司
北京本农科技发展有限公司
湖南永清环保研究院有限责任公司
深圳柏施泰环境工程有限公司
新疆百诺农业科技有限公司

前言
FOREWORD

　　农业是国民经济的基础，是国家安全和稳定的基石。而耕地是农业生产的基本要素，是人类赖以生存和发展的物质基础。耕地数量的多少和质量的高低，直接关系到经济建设、社会发展和人民生活水平的提高。盐碱土是我国最主要的中低产土壤类型之一，我国盐碱土分布广泛，从湿润的东海之滨至干旱的准噶尔盆地、极干旱的塔里木盆地，从热带的海南岛、南沙群岛到寒温带的呼伦贝尔草原、松嫩平原，均有大量的盐碱土分布。

　　土壤盐碱化是指易溶性盐分在土壤表层积累的现象或过程，盐碱化通过影响植物渗透调节与离子平衡危害植物生长。土壤盐碱化是影响干旱、半干旱区农业可持续发展的重要因素之一。在人口剧增、粮食能源短缺、环境生态压力不断增加的 21 世纪，通过盐碱土和盐生植物的开发，发展盐土农业，获得更多的粮食，实现生态良性循环和经济的可持续发展，具有广阔的前景。

　　我们的祖先至少在 2 500 年前已在中原地区的盐碱地上耕作生息，在改良利用盐碱土的过程中，对盐碱土的发生发展规律进行了有益的探讨，并积累了丰富多彩的治理经验，在我国土壤科学发展史和盐碱土的改良利用史上均具有极其重要的地位。我国的近代盐碱土研究开始于 20 世纪的 20～30 年代，土壤学家利用地球化学的观点、原理和方法，研究盐分在土壤中的迁移转化规律。20 世纪50 年代初期，国内组织的对东北、青海、西藏、新疆、宁夏、内蒙古及华北平原等地的土地资源考察和全国性的土壤普查，均为摸清我国盐碱土资源状况和开展盐碱土研究打下了良好的基础。60～70 年代，当时为了抗旱，拦河修坝，搞平原水库，大量引黄灌溉，兴渠废井，这些有灌无排、只蓄不泄等不健全的水利设施，造成了大量的次生盐碱化。为此，土壤科学工作者建立了围埝平种、沟畦台田、引洪温淤、冲沟播种、深耕浅盖、绿肥有机肥培肥改土、选种耐盐品种和生物排水等农林技术措施，减轻了次生盐碱化的危害，解决了一些盐碱土研究中的科学问题。70 年代以后，我国启动了多项与旱涝盐碱综合治理相关的国家科技攻关项目，在黄淮海平原、新疆灌区、松嫩平原均取得了较大成绩，并出版了《中国盐渍土》等一系列专著。21 世纪以来，随着计算机技术、遥感技术和生物技术等现代科技的发展，我国在盐碱土土壤质量演变与土壤盐碱化评估、土壤水—盐—肥耦合调控的机理和模拟、盐碱土资源的修复理论与技术、盐碱土的农业高效利用技术与模式、盐碱化与气候变化的交互作用等方面取得了一系列成绩，兴起了一批从事盐碱地改良相关工作的企业。

尽管盐碱地改良技术已日趋成熟，但是盐碱地改良是一项系统工程，交叉学科多，涉及土壤学、水文学、生态学、工程学、农艺学、环境学及化学等，目前很多从事盐碱地改良工作的企业和科技人员，缺乏对盐碱地改良知识的系统认识和全面把握，多数人就改良讲改良，或者一讲起盐碱地改良只有化学改良剂，忽视了对盐碱地成因的分析及其他改良措施的综合应用，因此难以支撑盐碱地综合利用的发展。2017年，编者与"灌溉俱乐部"的陈晴工程师，采用"知识众筹"的模式，组织灌溉企业和肥料企业的技术人员共同编写了《水肥一体化实用问答及技术模式、案例分析》。这本书出版以来读者反响热烈，仅仅两个月的时间编者的微信好友（大部分都是读者）就增加了五百多人。在与读者沟通中发现，盐碱地改良知识同样是他们渴望的，经与中国农业出版社魏兆猛编辑、成都华宏生物科技有限公司李智强董事长、新农资360全振刚主编等人沟通后，共同发起了编写《盐碱地改良技术实用问答及案例分析》一书的倡议。

为了编好本书，我们继续通过知识众筹的模式，组织了18家从事盐碱地改良相关研究和应用的企事业单位，在多方征求意见和基于读者知识水平的基础上，确定采用知识问答和案例分析的方式，通过查阅有关资料，并结合参编人员亲身体会，用深入浅出的文字，进行编写。全书共分七章，前六章采用知识问答形式系统介绍了盐碱地改良技术基础、土壤盐分监测分析技术及预警、水利工程改良、农业改良、生物改良、化学改良等内容；第七章介绍应用案例。本书将理论与生产实践紧密结合，反映了当今国内外盐碱地改良技术的最新研究成果、技术水平和先进经验。本书适合灌溉企业、肥料企业、盐碱地改良企业、农业技术推广部门、园林园艺、经济林业等部门的技术与管理人员及种植户阅读，也可供高等农业院校相关专业师生参考。

本书由新疆农垦科学院梁飞统筹编写，张磊负责第一至六章统稿，李智强负责第七章案例部分的统稿。书中各章节编写分工如下：第一章由王国栋、郝云风、孙丰瑞编写，郝云凤整理；第二章由谢香文、马晓鹏、罗洮峰、李永丰、李国萍编写，谢香文整理；第三章由张磊、高志建、杨飞、冯君伟编写，张磊整理；第四章由刘瑜、马晓鹏、吴斐编写，张磊整理；第五章由李全胜、贾宏涛、谢香文编写，贾宏涛整理；第六章由赵永敢、赵娜、秦立金、王畅、陆海鹰编写，梁飞整理；第七章由王德新、刘军、张敬智、韩建均、赵永敢等编写，李智强和冯玉勇整理。李全胜、刘瑜和王国栋负责全书的文字核对，梁飞对全书做最后的审读定稿。由于业务水平有限，书稿虽多次修改，但疏漏与不足之处在所难免，望读者批评指正。

本书部分内容得到了新疆生产建设兵团科技攻关与成果转化计划项目（2016AC008）、国家自然科学基金资助项目（31460550、41561071）、国家重点研发计划课题（2017YFD0201506）、国家科技支撑计划课题（2012BAD42B01）、新疆生产建设兵团青年科技创新资金专项（2014CB010）、联合基金项目（KYYJ201702）、四川省战略新兴产品项目（2015GZX0012）等项目资助，特此感谢！

编　者

2018 年 5 月 1 日

目录
CONTENTS

第一章　盐碱土改良基础

1. 什么是盐碱土?

土壤中含有过多的盐碱成分，会对农作物产生危害。在土壤学中，把这类土壤称为盐渍土、盐碱土、盐土、碱土、盐碱化土壤或者盐碱地。概念：在各种自然环境因素和人类活动因素综合作用下，盐类直接参与土壤形成过程，并且以盐（碱）化过程为主导作用而形成的，具有盐化层或碱化层，土壤中含有大量可溶盐类，从而抑制作物正常生长的土壤，称为盐碱土。广义上的盐碱土是对盐土和碱土的统称。盐土和碱土是指土壤含有可溶性盐类，而且盐分浓度较高，对植物生长直接造成抑制作用或危害的土壤，群众则称为盐碱地。在形成盐碱土的过程中，土壤盐碱化过程起主导或显著的作用，各种类型盐碱土的共同特性就是土壤中含有显著的盐碱成分，具有不良的物理化学性质，致使大多数植物的生长受到不同程度的抑制，甚至不能成活。当土壤表层或者亚表层中的水溶性盐类累积超过 0.1% 或者 0.2%（富含石膏条件下），或土壤碱化层的碱化度超过 5%，该土壤就属于盐碱土的范畴。狭义的盐碱土是指既盐化又碱化的土壤。盐土：受中性钠盐（主要是氯化钠和硫酸钠）影响的土壤；碱土：受碱解钠盐（碳酸钠、碳酸氢钠、硅酸钠）影响的土壤。

2. 盐碱土有哪些类型?

世界各国盐碱土形成的自然条件、成土过程及主要类型和特性有所差异，对盐碱土研究的详尽情况和分类依据不尽一致，采用的分类系统也不完全统一。从世界主要国家常用的盐碱土分类系统来看，将盐碱土划分出盐土和碱土两个土类基本上是一致的，有的国家将脱碱土单独作为一个土类。盐碱土根据不同划分依据有不同的类型。

（1）按照耕地土壤盐分来源划分　土壤盐碱化按照其形成过程划分为两大类型：① 原生盐碱化土壤：指在盐土、碱土、盐化土、碱化土上开垦的土地，从开发利用（耕种）以来，尽管进行了洗盐、排盐等一系列土壤改良措施，由于土壤质地黏重或具有黏化等障碍层或地下水位高，排水排盐出路少、资金投入不足等问题，土壤始终没有完全脱盐。② 次生盐碱化土壤：指在盐土、碱土、盐化土、碱化土上开垦的土地，土地开发耕种以后，经过洗盐、排盐等一系列土壤改良措施，土壤曾经（已经）脱盐（成为非盐碱化土壤），但是由于管理等问题，田间灌溉不合理，提高了地下水位，使土壤重新积盐或因排水渠道淤塞，土壤排盐变为积盐，形成次生的土壤盐碱化。

（2）依据土壤盐分对农作物的危害程度划分　非盐碱化土、轻度盐碱化土、中度盐碱化土、强度盐碱化土、盐碱土 5 个类型。

（3）依据土壤盐分组成划分　土壤盐分在形成过程中比较复杂，盐分组成多样，主要有 CO_3^{2-}、HCO_3^-、Cl^-、SO_4^{2-} 四种阴离子和 Ca^{2+}、Mg^{2+}、K^+、Na^+ 四种阳离子，合计为八大离子。按照土壤盐分组成划分土壤盐碱类型有：纯苏打、苏打、氯化物、硫酸盐—氯化物、氯化物—硫酸盐、硫酸盐 6 个类型。

（4）依据土壤 pH（碱化分级）划分

① 非碱化土壤：土壤碱化层的碱化度（ESP）小于 5%；② 弱碱化土壤：土壤碱化层的碱化度（ESP）5%～10%；③ 中度碱化土壤：土壤碱化层的碱化度（ESP）10%～15%；④ 强碱化土壤：土壤碱化层的碱化度（ESP）15（20）%～25（30）%。

（5）按照盐土亚类的形态特征划分

① 滨海盐碱土。主要是直接由盐渍淤泥发育而成的盐碱土。

② 草甸盐土。在草甸土的基础上强烈积盐而形成的，因而积盐过程的同时，还伴随着腐殖质累积过程。

③ 潮盐土。多分布在耕种历史较久的农区，常呈斑块状插花

分布于大面积的潮土中，潮盐土在其形成过程中，未经过草甸植被生长的自然生草过程，土壤表层有机质含量低，没有明显的有机质积累层。

④ 沼泽盐土。沼泽盐土的特点是在沼泽化过程中同时进行积盐过程，地下水埋深小于 1 m，部分可达地表。

⑤ 典型盐土。它是平原地区分布最广的一种盐土，由草甸盐土或其他盐化土壤进一步积盐而成。典型盐土的地下水位比草甸盐土要低，矿化度比草甸盐土高。

⑥ 洪积盐土。也称坡积盐土，其形成条件是山体中有含盐地层，是洪水经过含盐地层时，把盐层风化物带到山前洪积平原上而形成。

⑦ 残余盐土。也称干盐土，主要是过去地下水位高而积盐形成的盐土，由于各种原因（如河流改道，河床下切等）使地下水埋深逐渐下降到 7～10 m 或更深，积盐过程停止，但由于降水量很少，不能引起明显的脱盐，因而土体仍大量保存过去累积的盐分。

⑧ 碱化盐土。碱化盐土包括苏打盐土和碳酸镁盐土，主要分布在扇缘泉水溢出带、河滩地、湖泊和蝶形洼地边缘，多呈斑状分布，自然植被很少，常与草甸盐土成复区。

⑨ 次生盐土。主要是指新老耕地由于利用不当，改良不彻底或渠道、水库渗漏影响等原因，导致土壤积盐或再度返盐而形成的盐土。

3. 土壤盐碱化类型划分标准是什么？

土壤盐分对农作物的危害程度是灌区土壤盐碱化的划分基本依据：土壤盐分含量对农作物影响微小的为非盐碱化土壤类型；具有一定影响但还是可以进行农业生产的耕地，按照其影响程度可划分为轻盐碱化、中度盐碱化、重盐碱化三个影响级别的盐碱化土壤；影响特别严重，达到不能耕种的土壤为盐土。根据已有研究资料，土壤盐化分级标准大体可归纳为两个系列，供不同地区研究参考（表 1-1）。新疆灌区土壤盐碱化程度分级指标如表 1-2 所示。

表 1-1 土壤盐化分级指标（0～30 cm 土层）

盐化系列及适用地区	土壤含盐量（%）					盐渍类型
	非盐化	轻度	中度	强度	盐土	
I　滨海、半湿润半干旱、干旱区	<0.1	0.1～0.2	0.2～0.4	0.4～0.6(1.0)	>0.6(1.0)	$CO_3^{2-}+HCO_3^-$、Cl^-、$Cl^--SO_4^{2-}$、$SO_4^{2-}-Cl^-$
II　半漠境及漠境区	<0.2	0.2～0.3(0.4)	0.3～0.5(0.6)	0.5(0.6)～1.0(2.0)	>1.0(2.0)	SO_4^{2-}、$Cl^--SO_4^{2-}$、$SO_4^{2-}-Cl^-$

（王遵亲等，1993）

表 1-2 新疆灌区土壤盐碱化程度分级指标

（0～30 cm 土层盐分含量，g/kg）

盐分类型	硫酸盐—氯化物	氯化物—硫酸盐	苏打碱化		耐盐作物
盐分含量	总盐	总盐	总盐	pH	生长情况
非盐渍化	<9	<10	<5.0	<8.5	正常，不受抑制
轻度盐渍化	7～9	8～10	3.5～5.0	8.5～9.0	一般，稍受抑制
中度盐渍化	9～13	10～15	5.0～6.0	9.0～9.5	受抑制，明显减产
强度盐渍化	13～16	15～20	6.0～8.5	9.5～10.0	严重抑制、减产
盐土	>16	>20	>8.5	>10.0	死亡无收

（乔木等，2010）

碱化土壤分级的划分指标（表 1-3、表 1-4），各地研究结果不完全一致，可归纳为土壤碱化层的碱化度（ESP）小于 5% 者为非碱化土壤，5%～10% 为弱碱化土壤，10%～15% 为中度碱化土壤，15(20)%～25(30)% 为强碱化土壤。

一般按氯离子和硫酸根的当量比划分为氯化物、硫酸盐—氯化物、氯化物—硫酸盐和硫酸盐等盐碱化类型，按照阳离子当量比划分为钠、镁—钠、钙—钠、钙—镁等盐碱化类型（表 1-5）。

表 1-3 碱化土壤分级的碱化度指标（0～30 cm 土层，%）

土壤类型	黄淮海平原	松嫩平原	新疆（北疆）	前苏联 黑钙土	前苏联 栗钙土	阿塞拜疆	前南斯拉夫
非碱化土	<5	<5	<10	—	—	<5	<10
弱碱化土	5～10	5～15	10～20	<10	<5	5～10	10～20
中碱化土	10～20	15～30	20～30	10～15	5～10	10～15	20～30
强碱化土	20～40	30～45	30～40	15～30	15～20	15～20	30～50
碱土	>40	>45	>40	>30	20～25	20～25	50～75

（祝寿泉，王遵亲，1989）

表 1-4 新疆灌区碱化土壤分级指标（0～30 cm 土层）

碱化度	非碱化	轻碱化	中度碱化	强度碱化	碱土
钠碱化度	<10%	10%～20%	20%～30%	30%～40%	>40%
pH	<8.5	8.5～9.0	9.0～9.5	9.5～10.0	>10.0

（乔木等，2010）

表 1-5 土壤盐碱化类型的划分标准

阴离子	当量比值	盐分组成命名
$CO_3^{2-} + HCO_3^- / Cl^- + SO_4^{2-}$	≥4	纯苏打盐土
$CO_3^{2-} + HCO_3^- / Cl^- + SO_4^{2-}$	1～4	苏打盐渍化土
Cl^- / SO_4^{2-}	≥4	氯化物盐渍化土
Cl^- / SO_4^{2-}	1～4	硫酸盐—氯化物盐渍化土
Cl^- / SO_4^{2-}	0.2～1	氯化物—硫酸盐盐渍化土
Cl^- / SO_4^{2-}	<0.2	硫酸盐盐渍化土

（乔木等，2010）

4. 中国盐碱土分布及特征如何？

盐碱土范围遍及各大洲的干旱、半干旱以及半湿润地区。我国地域广阔、气候多样，盐碱土的分布几乎遍布全国。北自辽东半岛南至福建、广西、广东、海南和台湾西海岸及南海诸群岛的滨海地带，以及大致沿淮河—颍河—秦岭—西倾山—积石山—巴颜喀拉山—唐古拉山—喜马拉雅山一线以北的半干旱、干旱和漠境地带，但凡地势相对低平而地面和地下径流汇集、出流滞缓的地区，几乎都分布有各种类型的盐碱土。气候因素中的干湿、热量状况，导致植被—土壤在地带上组合系列的相似性和差异性，以及地形、水文和地质等自然因素对水盐运动和盐类地球化学迁移、富集具有密切的影响。按照气候特征将我国盐碱土分布区域分为 8 个（表 1-6）：① 滨海湿润—半湿润海水浸渍区；② 东北半湿润—半干旱草原—草甸盐碱区；③ 黄淮海半湿润—半干旱耕作—草甸盐碱区；④ 内蒙古高原干旱—半荒漠草原盐碱区；⑤ 黄河中上游半干旱—半荒漠盐碱区；⑥ 甘肃、新疆、内蒙古干旱—荒漠盐碱区；⑦ 青海、新疆极端干旱—荒漠盐碱区；⑧西藏高寒荒漠盐碱区（王遵亲等，1993）。

表 1-6　我国盐碱土分布区域

区　名	范　围	主要成土过程	特　性
滨海湿润—半湿润海水浸渍区	我国大陆沿海一带，北起辽东半岛经渤海湾、黄海、东海、台湾海峡、南海、海南岛等滨海	海水浸渍草甸型	地处河流的下游，河流坡降很小，出口与海洋相通，常受海潮顶托。水质有规律地呈带状分布，越靠近海矿化度越高；盐碱类型主要以 NaCl 为主
东北半湿润—半干旱草原—草甸盐碱区	三江平原、松嫩平原和辽河平原	草原—草甸型	地下水和泡子水多含有苏打成分；以苏打累积为主，并发育为草甸碱土
黄淮海半湿润—半干旱耕作—草甸盐碱区	河北、山东、河南、江苏、安徽的黄河、淮河和海河广大的冲积平原	耕作—草甸型	在低矿化水条件下积盐，具有季节性积盐和脱盐，盐分在土壤中表聚性很强，以 $SO_4^{2-}-Cl^-$ 或 $Cl^--SO_4^{2-}$ 盐为主，也有发生碱化，其中以瓦碱土为代表，多和盐化土呈复域分布

（续）

区 名	范 围	主要成土过程	特 性
内蒙古高原干旱—半荒漠草原盐碱区	内蒙古东部高平原的呼伦贝尔和中部草原，狼山以北直抵中蒙边界	干草原—荒漠草原型	在干草原条件下，发育的碱土具有明显的剖面发育。在河迹和湖周发育为苏打草甸盐土，还有大面积的底层潜在盐碱土
黄河中上游半干旱—半荒漠盐碱区	陕西、甘肃、青海、内蒙古的一部分和宁夏大部分为黄河贯穿的地区，分宁夏银川平原和内蒙古河套平原以及黄土高原和鄂尔多斯高平原	干草原—森林草原型	黄土高原中有底层碳酸盐和硫酸盐潜在盐碱化。在黄河河套冲积平原有龟裂碱土、苏打盐碱土以及 Cl^--SO_4^{2-} 或 SO_4^{2-}-Cl^- 盐碱土等
甘肃、新疆、内蒙古干旱—荒漠盐碱区	甘肃河西走廊、内蒙古阿拉善以西和新疆北部（准噶尔盆地）	荒漠—荒漠草原型	残余积盐大面积发生。土壤盐化、石膏化以及龟裂碱化在河西走廊的扇缘有镁质碱化土壤发育
青海、新疆极端干旱—荒漠盐碱区	吐鲁番盆地、塔里木盆地、疏勒河下游和柴达木盆地	荒漠型	土壤盐碱化普遍存在，各种盐碱类型都有发生。残余积盐过程和现代积盐过程大面积分布。土壤盐化、石膏化、盐壳化都很广泛，硼、锂、钾盐都很丰富
西藏高寒荒漠盐碱区	西藏高原	寒漠型	冻融过程对盐分富集有重要影响，盐碱土主要分布在湖周缘和河谷低地，盐碱类型以硫酸盐占优势，也有苏打累积

5. 中国盐碱土的主要特征有哪些？

土壤盐碱化的原因很多，主要与气候干旱、地势低洼、排水不畅、地下水位高、地下水矿化度大等因素有关，母质、地形、土壤质地层次等对盐碱化的形成也有重要影响。

（1）盐碱土壤分布广 我国盐碱土分布广泛，从湿润的太平洋沿岸的东海之滨到干旱的准噶尔盆地、极干旱的塔里木盆地，从热带的海南岛、南沙群岛到寒温带的呼伦贝尔草原、松嫩平原，但凡地势相对低平而地面和地下径流汇集、出流滞缓的地区，几乎都分布有各种类型的盐碱土。

（2）盐碱土壤面积大 据统计，我国盐碱土的面积为 $3.5 \times 10^7 hm^2$，其中盐土 $1.6 \times 10^7 hm^2$、碱土 $8.7 \times 10^5 hm^2$，各类盐化碱化的土壤约为 $1.8 \times 10^7 hm^2$，占国土面积的 3.5% 以上。$1.7 \times 10^7 hm^2$ 左右的土壤存在次生盐碱化；而我国大部分地区尤其是干旱和半干旱地区每年仍有大量的耕地向盐碱土或者次生盐碱土方向发展。新疆土壤普查结果显示，新疆共有盐碱土约 $1.1 \times 10^7 hm^2$，包括盐碱土耕地 $1.3 \times 10^6 hm^2$；盐碱土中，中度盐碱化土壤面积为 $4.1 \times 10^6 hm^2$，重度盐碱化土壤面积为 $7.27 \times 10^6 hm^2$。

（3）盐碱土类型多 据资料显示，我国土壤盐碱类型有纯苏打、苏打、氯化物、硫酸盐—氯化物、氯化物—硫酸盐、硫酸盐 6 个类型，特殊类型还有硝酸盐土（吐鲁番）、镁碱化土、埋藏盐土、残余盐土等。

（4）盐碱土呈现明显的季节性积盐和脱盐 在我国东北、西北、华北的干旱、半干旱地区，降水量小，蒸发量大，溶解在水中的盐分容易在土壤表层积聚。夏季雨水多而集中，大量可溶性盐随水渗到下层或流走，这就是"脱盐"季节；春季地表水分蒸发强烈，地下水中的盐分随毛管水上升而聚集在土壤表层，这是主要的"返盐"季节。东北、华北及其他半干旱地区的盐碱土有明显的"脱盐""返盐"季节，而西北地区，由于降水量很少，土壤盐分的季节性变化不明显；但灌溉农田仍存在这一明显规律。

（5）强烈的表聚性 盐碱土形成的主要原因是"盐随水来、水随气散、气散盐存"，日积月累，盐分便积聚到地表或耕作层。干旱、半干旱地区年平均降水量 $50 \sim 300$ mm，而蒸发量却高达

1 500～3 000 mm。降水少，使聚积在土壤表层的盐分难以淋溶；而蒸发强烈，可使含盐地下水通过毛管上升，向地表聚积。盐分累积的特点是表聚性强，向下盐分逐渐递减。

6. 干旱区盐碱土的特征是什么？

干旱区盐碱土的土壤物理性状不良，其特征表现为"瘦、板、生、冷"。"瘦"即土壤肥力低，营养元素缺乏；"板"即土壤板结，容重高，透性差；"生"即土壤生物性差，微生物数量少、活性低；"冷"即地温偏低。

(1) **瘦** "瘦"是盐碱土的不良肥力特征，即有机质含量低，有效氮、磷养分较低。有机质是构成土壤有机矿质复合体的核心物质，也是土壤养分的储藏库，因此，土壤有机质数量反映出土壤的肥力水平。根据调查，盐碱土的有机质含量大部分在 10 g/kg 以下，一般在 6 g/kg 左右。土壤全氮含量与有机质含量有相关性，随有机质含量的高低而变化，盐碱土的全氮含量一般在 0.5～0.6 g/kg，甚至更低。盐碱土的全磷含量比较丰富，由于盐碱土富含钙质，磷素易被钙质固定，因此土壤速效磷含量很低，多数在 10 mg/kg 以下。盐碱土有机质含量低，速效磷缺乏，氮、磷比例失调，是盐碱土改良急需解决的问题。

(2) **板** "板"是盐碱土的不良结构特征。盐碱土土壤容重一般在 1.35～1.50 g/cm³，总孔隙度在 45%～50%，甚至更低。土壤含盐量越大，尤其是钠离子含量越高，土壤透水、透气性越差。根据在山东禹城的测定结果，盐化土稳定渗吸速度为 0.1～0.2 mm/min，碱化土稳定渗吸速度小于 0.1 mm/min，水气条件不良，会对作物根系伸展、植株生长带来严重影响。盐碱土的结构性差，毛管作用强，在旱季土壤蒸发量大，高于沃土 50%以上，地下水不断补给，使土壤上层大量积盐。而在灌水后或雨季，土壤容易滞水饱和，不易疏干，常发生"渍涝"。这种毛管滞水现象，严重影响土壤和作物根系的呼吸。对于这种毛管滞水，一般排水沟对其土壤的疏干作用较小，应采取培肥土壤、秸秆还田、种植翻压绿肥等改善土壤结构的措施来加以解决。

(3) 生 "生"是盐碱土的不良生物特征。盐碱土对土壤微生物的影响主要有两个方面：一是土壤中的盐类物质对微生物产生抑制和毒害作用；二是盐碱土的土壤有机质一般较低，植物生长受到抑制，有机质归还量也少，致使微生物的能源物质贫乏，造成土壤微生物数量少、活性低。据研究，含盐量多少与盐类成分对微生物的种类和数量影响很大；当 NaCl 和 Na_2SO_4 含量大于 2 g/kg 时，固氮作用受抑制；当 NaCl 浓度大于 10 g/kg 时，氨化作用几乎停止。不同浓度、不同盐类对细菌有明显毒性，在致毒范围内，毒性与渗透压有密切的关系，渗透压为 6 bar 时，所有盐类的硝化作用都降低 50%以上；在 156 bar 时，氨化作用降低一半。微生物的原生质因盐类而引起物理上和化学上的改变，原生质活动不正常，也可改变原生质的胶体性质。

(4) 冷 "冷"是盐碱土的不良热量特征。盐碱土由于含有过高的盐分，土壤吸湿性较强，造成地温偏低，春季地温上升缓慢。据测定，春季 3 月初至 5 月中旬，盐碱土播种层 5 cm 处地温比非盐碱土一般偏低 1 ℃左右，多者可相差 2 ℃，其稳定在 12 ℃以上的日期要比非盐碱地滞后 10 d 左右，而秋后播种冬小麦的出苗时间比非盐碱地晚 3～7 d。针对盐碱土的这种不良热量特征，一般春播要稍晚一些，而夏播和秋播要力争早播。同时，偏低的地温也不利于土壤微生物的活动和土壤养分转化，影响作物的生长发育。

盐碱土的"瘦、板、生、冷"，是指地瘦、结构不良、土壤坚实板结、通透性差，"板、生、冷"是"标"，"瘦"和"盐"是"本"，因此脱盐和培肥是改善盐碱土不良性状的根本。在土壤脱盐后进行培肥，培肥土壤的主要任务是增加土壤有机质，其实质是增加土壤营养物质的储备。

7. 滨海盐碱土的特征是什么？

滨海盐碱土是指在海洋和陆地的相互作用下由大量泥沙沉积而形成的连接陆地和海洋的缓冲地带，地貌以平原、河口三角洲和滩涂为主,绝大多数属泥质海岸带,土壤类型主要为滨海盐土类、潮土类等。我国海岸线漫长,大陆海岸线约有 18 000 km(不包括一些岛屿的海岸线),在这漫长的滨海地带,分布着大面积的滨海盐碱土。据不完全统计,滨海盐碱土面积约为 1.0×10^6 hm^2,约占我国盐碱土总面积的 40%,主要分布在山东、浙江、广东、河北、辽宁、福建以及江苏北部的海滨冲积平原等沿海一带地区,并呈逐年增加的趋势。根据滨海盐碱土的盐分类型和改良利用方式,可以将滨海盐碱土从北到南分为四段:①渤海滨海段,包括辽宁、河北、天津、山东等地。该段土质较细,土层深厚,平坦连片,比较肥沃,但水源短缺,盐硝含量较重,其组成以氯化物为主,在辽河、滦河下游局部地段有苏打累积。②黄海、东海滨海段,包括江苏北部、上海、浙江等地。该段海滨为我国泥质海岸的主要分布地段,雨水比较充足,水源充沛,有利于自然脱盐,适宜于耕垦利用。③南海滨海段,包括福建、台湾、广东、广西等地和海南岛,盐碱土一般为零散分布,土质肥沃,雨量多,自然脱盐较易,适宜成片垦殖。④黄淮海平原段,包括北京、天津、河北、山东、河南、安徽北部和江苏北部等。由于黄河及其他河流多次改道和泛滥,造成地形大小不平,沙黏交错沉积,排水不畅,极易成涝,引起土壤水盐的局部重新分配,造成"岗旱、洼涝、二坡碱"的盐碱分布格局,使得坡地和低平地以及淤浅的河道和古河道两侧,极易发生土壤盐碱化;在发展自流灌渠时,由于灌排系统不够完善,用水、管水不当,提高了灌区地下水位,也容易发生灌区土壤次生盐碱化。

滨海盐碱土主要积盐条件有两点:一是长期受海水浸渍,有充足的盐源;另一个是地形低平,排水不畅。这两点导致其具有地下水矿化度高、地下水位浅、盐分补给快、极易返盐等特点。同时,滨海盐碱土一般呈现春季蒸发,上层土积盐;夏季淋洗,土壤中盐分向下移动的特点,随着深度的增加,含盐量逐渐减少,地下水位附近出现轻微增长。向海岸线方向延伸,土壤类型逐渐由非盐碱土变为弱盐碱土、中盐碱土和强盐碱土,含盐量和盐碱化程度越来越高。盐分在 0～190 cm 土体剖面垂直分布规律呈现"V"形，即随着土体深度增加呈现先减少后增加态势。

滨海盐碱土的形成是直接发育于海水浸渍的盐淤泥之上，其积盐过程先于成土过程，形成的土壤不但表层聚积盐分比较严重，且心底土所含盐分量也很高，这也是与其他类型盐碱土的形成有显著区别之处。滨海盐碱土主要特征表现在：①土壤盐分随着离海的远近而变化。滨海盐碱土多为大片分布，是陆地向海洋延伸倾斜部分，土壤盐分大致是距海越远，脱离潮汐影响时间越长，则土壤含盐量越低，反之则越高。②盐分组成与海水基本一致，以氯化钠为主，硫酸盐次之，重碳酸盐和碳酸盐含量最少。滨海盐碱土土体盐分在垂直方向上的分布与地层沉积岩性、地下径流情况、水质特征及人类活动因素有密切关系。上部土体全盐量的多少主要随大气、人为活动而变化。近河地带、灌溉地段或耕种已久的土壤，上部土体盐分含量较轻，但底土层盐分仍然较高。底土层和地下水的盐分组成与海水基本一致，主要以 NaCl 为主，Cl^- 含量约占阴离子总量的 $70\%～90\%$，其次为 SO_4^{2-}，HCO_3^- 最少。在阳离子组成中，Na^+ 含量最多，其次是 Mg^{2+} 和 Ca^{2+}。③地下水位高、矿化度大。滨海盐碱土地下水矿化度最高达 $100～150$ g/L，一般地区都在 $10～30$ g/L。土壤含盐较轻地带，地下水矿化度也有 $3～5$ g/L。撂荒滨海盐碱土地下水矿化度高于潮间带，一般在 30 g/L 以上，这主要是由于蒸发浓缩造成的。滨海盐碱土中富含可溶性盐分，1 m 土层以内的含盐量一般在 0.4% 以上，高者可达 $2\%～3\%$，甚至个别高达 $5\%～8\%$。

8. 内陆盐碱土的特征是什么？

内陆盐碱土主要分布在内流封闭的盆地、半封闭径流滞缓的河谷盆地。这是由于盐分随着地面、地下径流而由高处向低处汇集，使洼地成为水盐汇集中心。但从小地形看，积盐中心是在积水区的边缘或者局部高处，主要是由于高处蒸发较快，盐分随毛管水由低处往高处迁移，使高处积盐较重。内陆盐碱土主要有以下几种类型：草甸盐碱土、荒漠盐碱土、寒原盐土。内陆盐碱土分布在内蒙古的河套灌区、宁夏银川灌区、甘肃河西走廊、新疆准噶尔盆地等地。该区属大陆性气候，年降水量 100～300 mm，地下水位 3～10 m，部分地区地下水位 1～2 m，地下水矿化度 3～5 g/L、最高达 10 g/L；主要盐分是 Cl^- 和 SO_4^{2-}，盐分含量 1%～4%，表层土壤可高达 20%。内陆盐碱土主要特征表现在：①积盐和脱盐的反复性：夏季雨水多而集中，大量可溶性盐随水渗到下层或流走，这就是"脱盐"季节；春季地表水分蒸发强烈，地下水中的盐分随毛管水上升而聚集在土壤表层，这是主要的"返盐"季节。②盐分表聚现象明显：这些地区降水量小、蒸发量大，溶解在水中的盐分容易在土壤表层积聚，干旱地区的内陆盐土地表常形成盐结皮、盐结壳和疏松的聚盐层，表层 1～5 cm 含盐量 5%～20%，高者可达60%～70%。③盐分组成复杂、代换性钠离子含量高，主要有氯化物、硫酸盐、碳酸盐，有些地区还有硝酸盐；较多的内陆盐碱土中含有碳酸氢钠，碱性较大。④半干旱地区的内陆盐土，多呈大小不等的斑块零散分布于耕地中。⑤土壤物理性状差：有机胶体和无机胶体高度分散，并淋溶下移，表土质地变轻，碱化层相对黏重，并形成粗大的不良结构。湿时膨胀泥泞，干时收缩硬结，通透性和耕性差。

9. 盐碱土形成的条件有哪些？

盐碱土形成从原理上讲需要具备两个基本条件：第一，区域土壤地下水或地表水中含有一定量水溶性盐分；第二，水溶性盐分可通过土壤毛细作用或在气候、地形、水文、人为等外界条件影响下向土壤表层运移，并在耕作层土壤中集聚达到一定量（一般以 1 g/kg 或 2 g/kg 为标准）。

影响盐碱土形成的主要因素和条件如下：①气候条件，包括干旱、季风、冻融、风的搬运等；②地形地貌因素，如内流封闭盆底、半封闭出流滞缓的河谷平原和冲积平原、出流滞缓的泛滥冲积平原、滨海低平原、河流冲积三角洲、微域地形等；③地质因素，如部分母质是盐分的来源、土层结构影响水盐运移；④水文因素，水是溶剂和载体，具体作用包括地表径流、浅层地下径流、深层地下水；⑤生物因素，如生物积盐和脱盐等；⑥人为因素等。同时，所有上述条件又可归结为通过不同方式和方法改变或者影响土壤中"水—土—盐"运移和富集规律，在一定条件下使得盐分在耕作层中集聚达到一定量，从而形成盐碱土。上述影响因素（形成条件）都会在不同尺度和不同区域表现出不同的作用和特点，而且大多数情况下多个因素会叠加影响，因此需要根据当地特点具体情况具体分析。

10. 气候因素如何影响土壤盐碱化的过程？

气候条件是影响"水—盐"运动的重要环境因素，也是土壤及其母质形成的重要影响因素。气候对盐碱化形成主要体现在两个方面：一是直接参与成土母质风化，水热状况直接影响矿物质分解与合成及物质累积和淋失；二是控制植物生长和微生物活动。

（1）湿度对盐碱形成的影响

① 影响可溶性盐分的迁移：降水量和蒸发量的不同影响着土壤中盐分的淋洗和累积过程；同时，降水量和蒸发量的季节性和年际间的差异，也会引起土壤水盐的动态变化。一般来说，气候越干热，土壤积盐速度越快，土壤的返盐现象越明显，土壤的含盐量也就越高。② 影响土壤中物质的分解、合成和转化：土壤中许多化学反应都需要有水的参与，因此土壤中的水分状况直接影响这些过程的速度和产物的数量；在盐碱地中最为典型的就是干旱、半干旱地区土壤中的钙积层，通过不透水层影响土壤盐碱化的形成。

（2）温度对盐碱形成的影响 温度影响矿物的风化合成、有机物质的合成和分解。① 土壤中的水溶性含量会随气温的升高而快速增加，而与空气湿度不是很相关。土壤温度的增加会显著增加土层中的盐分含量。② 温度通过影响水分蒸发和水盐运移影响盐碱地形成：温度升高，蒸发量增加，盐分通过毛细现象向上运行，形成"返盐"。③ 土壤冻融对土壤积盐的影响：在高纬度或者高海拔地区，土壤在一年中有较长时间的冻结期，土壤水盐运动与土壤的冻融有密切关系。春季土壤表层温度高，水分在表层气化较多，溶解在水分中的盐分也随之向地表运动，形成春季积盐期；冬季冻土层和地下水埋深仍然有一定的关系，上层冻结后，土壤水分会从下部向冻土层运动，并将溶解的盐分带入冻土层。

（3）温度和湿度的共同作用

① 大尺度上，气候在一定条件下决定了区域土壤母质及其成分组成，以东亚季风为例，其在地质历史时期形成和发展造就了现在的黄土高原，黄河灌区及其周边很多盐碱地成土母质、土壤颗粒组分、养分元素等条件均受其影响，在盐碱地形成之前特定区域内气候就已经对土壤盐碱化过程造成了一定影响；② 气候因素中的降雨、温度、湿度和蒸发等都会对土壤的水盐运动产生影响，其中降雨和蒸发是重要的影响因素。

（4）风的搬运作用

① 在内陆盐矿体、盐沼泽、盐池或者盐漠附近，盐分呈固体粉末，被风力侵蚀和搬运，在沉降区形成盐碱土；② 风的作用可以增加土壤蒸发强度，促进土壤积盐。

（5）气候变化与盐碱地形成　我国幅员辽阔，盐碱地分布广泛，从东北到西北，至东南沿海均有分布。各区域盐碱地气候条件各异，西北干旱、半干旱地区，气候蒸发强烈，容易造成含盐地下水中盐分表聚，形成盐碱地，同时由于降水稀少，盐碱地土壤盐分没有明显的季节变化；在我国东北、黄淮海的半湿润、半干旱地区蒸发量远大于降水量，土壤蒸发强烈，土壤地下水中的可溶性盐也容易在土壤中表聚，同时由于受季风气候影响，干湿季分明，从而造成此类区域盐碱地形成"返盐"和"脱盐"两个季节，此类地区冬季为盐分相对稳定期。在长江中下游地区滨海盐碱地区域，伏旱天气情况下，短时间的强降雨会导致地下水位快速抬升，造成地下水与上层耕作层通过毛细管水沟通，后期伏旱天气过程蒸发强烈，容易造成表层耕作层土壤盐分聚集。

11. 地形地貌如何影响区域水盐平衡过程？

地形地貌是影响土壤水盐运动和分布的重要条件，通过对土壤母质分布以及地表水和地下水运动的影响，间接决定土壤盐分的分布。地形地貌与其他因素不同，不提供任何新物质，但是主要影响其他因素的再分配从而影响成土作用。现有的盐碱地和盐碱化区域大部分集中在各种大小地形的低地和洼地，如山间盆地、山前平原、河流中下游的冲积平原、滨海的平原低地及风蚀洼地。

(1) 地形对母质及盐分的影响 从大地形看，随着地形高低起伏的变化，土壤盐分随水分从高处向低处移动，被运移到山麓、坡地、洼地等低洼地带而聚积沉降；从小地形（局部范围内）看，在低平地区中的局部高处，由于蒸发快，水和盐分由低处向高处聚积，有时往往相距几十米或几米、高差仅为十几厘米的地方，高处的盐分含量可比低平处高出几倍。这就是民谚的"高中洼"和"洼中高"。

(2) 地形对水热条件的影响 地势低洼处多是地下水的排泄区，地下水补给区到排泄区的径流过程中，随着蒸发和水盐相互作用，盐分不断累积，矿化度不断增加；低地和洼地往往是地表水的汇集区，地表水将盐分从周边地势较高的地方带到此处；低地或洼地的潜水埋深相对较浅，水分蒸发散失到大气中，而盐分则留在土壤中。

(3) 地形对土壤发育的影响 地形对土壤发育的影响，在山地最为明显，山地地势高、坡度大，切割强烈，水热状况和植被状况变化大，水盐再分配明显，因此山地的盐碱分布有明显的垂直地带性。

12. 水文及水文地质如何影响土壤盐碱化过程？

土壤中水分的运移是决定土壤盐分变化的主要因子，土壤中水分的运动与地下水埋深有关。地下水中的盐分是土壤盐分的一个重要来源。地下水矿化度的大小及地下水位的高低直接影响土壤盐碱化程度。

（1）浅层地下水对土壤盐碱化的影响　当地下水位较浅时，地下水通过土壤毛细管上升到表层被大量蒸发，盐分则被留在土壤表层，造成土壤盐碱化，例如河流及渠道两旁的土地，因河水侧渗而使地下水位抬高，促使积盐。当地下水位较深时，即使气候干旱，土壤也不会发生盐碱化。在同一气候带内，土壤质地和剖面构型基本一致（即土壤毛管性能基本相同）的条件下，地下水矿化度相近的情况下，地下水埋深越浅，土壤积盐越强；地下水位差不多的条件下，地下水矿化度越高，则土壤积盐越严重。

（2）地表径流对土壤盐碱的影响　地表径流对土壤盐碱化的影响主要有三种：① 直接影响，通过河流泛滥或者灌溉将盐分直接带入土壤中，使土壤含盐量升高，发生土壤盐碱化。② 间接作用，由于河流和灌溉对地下水的补给作用使得地下水位升高，在蒸发作用下将盐分带入土壤中。③ 盐分搬运作用，低地和洼地往往是地表水的汇集区，地表水将盐分从周边地势较高的地方带到此处，为土壤盐碱化提供了盐分来源。

（3）深层地下水对土壤盐碱的影响　对土壤盐碱化而言，深层水不如地表水和浅层地下水影响广泛；但是某些地区深层地下水经常通过泉水或者机井灌溉等方式影响地表径流和浅层地下水活动，从而引起大面积的土壤盐碱化。1931年，土壤学家 B.B 波勒诺夫根据地下水与土壤盐碱化的关系首次提出"临界深度"概念，我国学者在此基础上进行深入研究后，提出可以将"临界深度"划分为三个等级：① "安全深度"，即地下水不参与土壤表层积盐的地下水埋深，这和 B.B 波勒诺夫定义的"临界深度"是相同的；② "允许深度"，即土壤表层有轻微积盐，但对作物生长没有影响，周年土壤盐分基本处于稳定状况的地下水埋深；③ "警戒深度"，即土壤表层产生强烈积盐的地下水埋深。

13. 土壤盐碱化形成过程有哪些？

土壤的盐碱过程即土壤统一的形成过程的一个阶段，同时从地球化学观点来讲，也是盐类地球化学的来源、迁移、分异和循环过程的组成部分。就土壤盐碱化过程的特点来讲，目前可以分为现代积盐、残余积盐和碱化三个主要过程。

(1) 现代积盐过程 在强烈的地表蒸发作用下，地下水和地面水以及母质中所含的可溶性盐类，通过土壤毛管，在水分的携带下，在地表和上层土体中的不断累积，是土壤现代积盐过程的主要形式。此外，风力搬运、土壤冻融、盐生植物和泌盐植物生理代谢以及近海地带的大气降水等对一些地区的土壤现代盐分表聚和盐类的局部再分配也起到一定的作用。土壤现代盐积过程又有以下几种情况：海水浸渍影响下的盐分累积过程、区域地下水的盐分累积过程、地下水和地面渍涝水双重影响下的盐分累积过程及地面径流影响下的盐分累积过程。

(2) 残余积盐过程 指在地质历史时期，曾因地下水的作用（部分地区还可能有矿化的地面水的参与）而引起的土壤强烈积盐，而后由于地壳上升或侵蚀基面下切的原因，改变了原有导致土壤积盐的水文条件，使地下水位大幅度下降，不再参与成土过程，因而中止了土壤的盐分积累过程。同时，由于气候干旱，导致降水稀少，这未能促使土壤产生显著的或者强烈的脱盐过程，以至过去积累下来的盐分仍大量残留于土壤中。其特点主要有：① 地下水位埋深大于 10 m；② 最大含盐层不是表土层而是心土层或者亚表层；③ 易溶盐类垂直分异。

(3) 碱化过程 指土壤胶体逐步吸附较多的代换性钠，使土壤呈强碱性反应，并引起土壤物理性质恶化，形成碱土或碱化土壤的过程。交换性钠进入胶体的程度取决于土壤溶液的盐类组成：当土壤溶液中含有大量 Na_2CO_3 时，交换性钠进入土壤胶体的能力最强；当土壤含有中性盐（如 NaCl、Na_2SO_4）时，需在土壤溶液的阳离子组成 $Na^+/(Ca^{2+}+Mg^{2+})\geqslant 4$ 的条件下，Na^+ 才能被土壤胶体吸收而引起碱化。碱土形成的部分理论包括：① 物理化学理论：土壤胶体微粒双电层外围吸附的离子对同该胶体微粒接触的可溶盐离子发生交换的物理化学反应；② 碳酸钙不能阻止土壤吸附钠离子；③ 镁离子不能促进钠离子吸附；
④ 部分生物具有合成生物碱的功能；⑤ 我国碱土形成与中性钠
盐有关。

14. 土壤盐碱化对农业生产的危害有哪些?

土壤盐碱化是指土壤含盐量太高（超过 0.1% 或 0.2%），而使
农作物生长受抑制。盐碱土的主要危害是因含有过多的可溶性盐分
而影响作物成活和生长发育，其次是因含过量的盐分而派生出来的
许多不良土壤性状而使土壤肥力得不到发挥，当土壤含盐量超过千
分之一时，便对作物的生长开始有抑制作用。可溶性盐中越易溶于
水的离子，其穿透作物细胞的能力越强，对作物的危害也就越重，
几种常见可溶性盐类对作物危害的顺序是：$Na_2CO_3 > MgCl_2 >$
$NaHCO_3 > CaCl_2 > NaCl > MgSO_4 > Na_2SO_4$。在可溶性钠盐中，硫
酸钠对作物的危害最小，若以硫酸钠作为标准，其对植物危害程度
的比例是 $Na_2CO_3 : NaHCO_3 : NaCl : Na_2SO_4 = 10 : 3 : 3 : 1$。碳
酸钠的危害程度最大是由于碱的影响，一般认为 1 m 土层碳酸钠的
含量不能超过 0.05%。

可溶性盐类过多，影响作物吸水，只有在作物细胞液比土壤
溶液的浓度大一倍左右时，才能源源不断地从土壤中吸收水分；
反之，如果土壤溶液中可溶性盐类浓度过高，就会造成作物吸水
困难，产生生理脱水而萎蔫死亡，也就是生理干旱现象，同时也
会影响作物对养分的吸收而破坏作物的矿质营养平衡。甚至某些
碱性盐类直接腐蚀毒害作物，还有抑制有益微生物对养分的有效
转化。

除上述盐害外，还有碱害，这主要是由于土壤中代换性钠离子
的存在，使土壤性质恶化，影响作物根系的呼吸和养分的吸收，碱
性强的碳酸钠还能破坏作物的各种酶，影响新陈代谢，特别是对幼
根和幼芽有较强的腐蚀作用。另外，碱性强的土壤易使钙、锰、
磷、铁等营养元素固定，不易为作物吸收。由于盐碱土中的盐类复
杂，往往会产生盐害和碱害的双重危害。

15. 钠离子对作物的危害有哪些？

盐度是限制植物生长的主要环境因素。盐胁迫下，植物体内的主要生理过程都会受到影响，如光合作用、蛋白质合成以及能量和油脂代谢等。总体来说，盐胁迫对植物造成的危害主要是离子毒害、渗透胁迫两方面。它们都与盐胁迫植株对离子的吸收有着直接或间接的关系。防止或减轻盐胁迫对植物的伤害，主要涉及如何维持植株功能叶片中的离子平衡，降低有毒离子的积累，增强盐分在不同器官中的区域化分配等。

（1）毒害作用　当植物吸收较多的钠离子或氯离子时，就会改变细胞膜的结构和功能。例如，植物细胞里的钠离子浓度过高时，细胞膜上原有的钙离子就会被钠离子所取代，使细胞膜出现微小的漏洞，膜产生渗漏现象，导致细胞内的离子种类和浓度发生变化，核酸和蛋白质合成和分解的平衡受到破坏，从而严重影响植物的生长发育。同时，因盐分在细胞内的大量积累，还会引起原生质凝固，造成叶绿素破坏、光合作用率急剧下降。此外，还会使淀粉分解，造成保卫细胞中糖分增多、膨压增大，最终导致气孔扩张而大量失水。这些危害都会造成植物死亡。

（2）提高了土壤的渗透压，给植物根的吸收作用造成了阻力，使植物吸水发生困难　植物体内出现严重缺水，光合作用和新陈代谢无法进行；同时，还会出现细胞脱水、植株萎蔫，最后导致植物死亡。

Na^+是造成植物盐害及产生盐渍生境的主要离子，在粮食等作物正常生长的植株中，小麦各器官 Na^+ 含量以根系最高、叶片最低，而在 0.2%～1.0% 的 NaCl 胁迫下，其 Na^+ 含量则以茎内最高、叶片最低，且在 0.2%～0.8% 范围内，小麦对 Na^+ 的吸收遵循此规律，超过这一阈值，小麦的生理活性和对 Na^+ 的主动吸收降低。盐胁迫下，玉米地上部和根部 Na^+ 含量增加，根部 Na^+ 含量明显高于地上部。作物在盐胁迫下对盐分离子的分隔作用不仅体现在地上部和地下部，而且还体现在不同的器官组织，甚至细胞及亚细胞上。耐盐品种使有害离子能更有效地滞留于液泡中，使其得以维持更稳定的细胞质代谢环境。研究证明，小麦耐盐性低于玉米，因为小麦叶肉细胞中，Na^+ 在液泡中浓度较低，而在细胞质、叶绿体和细胞壁中较高；盐处理玉米中 Na^+ 主要分布在根皮层细胞的液泡中，而小麦根皮层细胞的液泡中 Na^+ 浓度较低。盐胁迫下，水稻、大麦、小麦等作物向地上部输送的 Na^+ 较少，留存于根部的较多，从而维持地上部较低的 Na^+ 含量。

在果蔬作物中，盐胁迫下，Na^+ 大量进入细胞，细胞内 Na^+ 增加，而 K^+ 外渗，使 Na^+ / K^+ 增大，从而打破原有的离子平衡，当 Na^+ / K^+ 比值增大到阈值时植物即受害。一般来说，土壤溶液浓度超过 0.3% 时，对蔬菜养分和水分的吸收就会产生明显的阻碍作用，导致蔬菜营养不平衡，从而影响产量和品质。在经济作物的研究中发现，棉花的耐盐性较强，但当盐分浓度大于 0.2% 时，就会对棉株体产生离子毒害和渗透胁迫，而且盐分浓度越高，伤害作用越大。培养在正常营养液中的棉花，体内 Na^+ 含量较低，其根系、茎秆（含叶柄）、叶片的 Na^+ 含量之比为 2.5∶1.4∶1.0。而 150 mmol/L 的 NaCl 处理下棉苗根、茎、叶中 Na^+ 含量均增加 200% 以上，根、茎、叶的 Na^+ 含量之比为 2.9∶1.9∶1.0。

16. 盐碱土改良应遵循的原则是什么？

防治土壤盐碱化的途径和措施很多，但综合防治最为有效，实践证明，实行综合防治必须遵循以下原则。

（1）以防为主、防治并重 土壤没有次生盐碱化的地区，要全力预防。已经次生盐碱化的地区，在当前着重治理的过程中，同时采用防治措施，才能收到事半功倍的效果；得到治理以后，还要坚持以防为主，已经取得的改良效果才能得到巩固、提高。

（2）水利先行、综合治理 "盐随水来，盐随水去"。水既是土壤积盐或碱化的媒介，也是土壤脱盐或脱碱的动力。控制和调节土壤中水的运移是改良盐碱土的关键，土壤水的运动和平衡是受地面水、地下水和土壤水分蒸发所支配的，因而防治土壤盐碱化必须水利先行，通过水利改良措施达到控制地面水和地下水，使土壤中的下行水流大于上行水流，导致土壤脱盐，并为采用其他改良措施开辟道路。

(3) **统一规划、因地制宜** 土壤水的运动是受地表水和地下水所支配的。要解决好水的问题，必须从流域着手，从建立有利的区域水盐平衡着手，对水土资源进行统一规划、综合平衡，合理安排地表水和地下水的开发利用，建立流域完整的排水、排盐系统。

(4) **用改结合、脱盐培肥** 盐碱地治理包括利用和改良两个方面，二者必须紧密结合。治理盐碱地的最终目的是为了获得高产稳产，把盐碱地变成良田。因此，必须从两个方面入手：一是脱盐去碱，二是培肥土壤。不脱盐去碱，就不能有效地培肥土壤和发挥土壤的潜在肥力，也不能保证产量；不培肥土壤，土壤的理化性质不能进一步改善，脱盐效果不能巩固，也不能高产。可见两者密切相关，脱盐培肥是建设高产稳产田的必由途径。

(5) **灌溉与排水相结合** 充分考虑水资源承载力，实行总量控制，协同区域灌溉和排水需求，促进农业结构调整，实行灌溉与排水相结合。实行灌溉洗盐和地下水位控制相结合，即实行灌溉洗盐，同时控制地下水位过高而引发新的次生盐碱化。

(6) **近期和长期相结合** 防治土壤次生盐碱化，必须制订统一的规划；所采取的防治措施，一方面要有近期切实可行的内容，另一方面要有远期可预见的方向和目标。只有近期和远期相结合，土壤次生盐碱化防治才能取得成功。

17. **盐碱土改良技术有哪些**?

早在 2 500 多年前我们的祖先已经在中原地区的盐碱地上进行耕作，在改良利用盐碱地中积累了宝贵的经验；早在《禹贡》《周礼》《管子·地员》等著作中已有关于盐碱地治理的记载。19 世纪末，美国土壤学家 Hilgad 就开始指导人们利用石膏改良盐碱土，并建立了两个化学方程式：$Na_2CO_3 + CaSO_4 = CaCO_3 + Na_2SO_4$ 和 $NaHCO_3 + CaSO_4 = Ca(HCO_3)_2 + Na_2SO_4$；1912 年以后，俄国土壤学家盖得罗依兹肯定了石膏改良苏打盐碱化与碱化土壤的重要作用，并建立石膏改良碱化土壤的第三个化学方程式：$2Na^+ + CaSO_4 = Ca^{2+} + Na_2SO_4$。19 世纪 50 年代初期，我国组织了东北、青海、西藏、新疆、内蒙古、宁夏、华北等地土地资源考察和土壤普查；在新疆、宁夏、内蒙古、东北、华北开展盐碱土的开垦、改良和利用工作。经过几代土壤科学家的努力，在盐碱土改良方面已经形成以因地制宜、相互结合、综合治理为基本原则，水利工程、生物修复、农业耕作、改良剂应用相结合为主要手段的一系列改良方法和经验。

（1）盐碱土水利工程改良措施　"盐随水来，盐随水去"是盐水的运动规律，作物受渍、土壤返盐都与地下水的活动有关，耕层盐分的增减与高矿化度的地下水密不可分。因此，水利工程措施是防治盐碱土首要的必不可少的先决措施。目前改良盐碱土经常用到的水利工程措施有：① 排水措施，通过开沟等途径不仅可以将灌溉淋洗的水盐排走，而且可以降低含盐地下水的水位，防止或消除盐分在土壤表层的重新累积；② 竖井排灌，抽取地下水用于灌溉，降低地下水位，从而使土壤逐渐脱盐；③ 喷灌洗盐，通过模拟人工降雨的方式，将土壤中 Na^+、Cl^- 等有害的离子淋洗掉；④ 放淤压盐，不仅可利用黄河水淋洗掉部分土壤表层盐分，还能够加入不含盐分的泥沙，相对降低土壤的含盐量。

（2）盐碱土农业耕作改良措施　在盐碱土地区，农业耕作不仅可以调节土壤水、肥、气、热，还可以调节土壤的水盐动态及盐分迁移。目前，盐碱土改良的主要农业耕作措施包括：① 平整土地，不仅可以减少地面径流，提高伏雨淋盐和灌水洗盐的效果，还能防治洼地受淹、高处返盐以及盐斑产生；② 培肥抑盐改土，通过提高土壤有机质含量、降低土壤容重，来改善土壤性状、降低盐害；③ 深翻抑盐，深翻可将盐分较多的表土翻入深层，将较好的深土翻上来，建立新的耕层，同时深翻还可以切断土体毛细管联系，抑制返盐；④ 振动深松，通过打破土壤板结层，抑制并减少盐分向土壤表层的累积，降低植物根系层内盐碱的危害；⑤ 种稻改盐，种稻淹灌条件下，通过静水压力的作用，土壤中盐分随水下渗，达到洗盐的目的；⑥植树造林改良盐碱土，森林能够降低地下水位，降低林内风速和气温，减少裸土蒸发，减少土壤表层积盐。

（3）盐碱土改良的生物学措施　生物学措施改良盐碱土较工程等措施相比具有投资少、见效快，而且实现了利用和改良效益双收的效果。目前以色列、美国、印度、巴基斯坦等许多国家及欧盟都纷纷开展了盐碱土治理与盐生经济植物筛选利用的研究，希望通过对盐碱土及其盐生植物的开发利用，获得更多的粮食、资源，实现环境改善和经济发展的目标。目前，生物学措施改良盐碱土所利用的方法一般有：①直接利用盐生植物改良盐碱土，直接利用野生抗盐植物进行盐碱土的改良，在世界上应用较普遍，如盐角草、印度 "atrinlex"、盐蒿等；②利用抗盐牧草改良盐碱土，我国抗盐碱牧草品种约 140 种，可以大面积种植的禾本科牧草 14 种、豆科牧草 6 种，牧草改良盐碱土不仅可以改土肥田促进农业可持续发展，还能够为禁牧提供饲草、建立盐碱地绿洲改善生态环境；③利用耐盐碱灌木改良盐碱土，利用沙枣、胡杨等耐盐碱灌木，建立防护林网，降低地下水位，减少裸地蒸发，改良盐碱土，改善作物生长的小气候；④抗盐农作物改良盐碱地，世界各国在采用抗盐牧草等改良盐碱土的同时，还通过杂交育种、基因工程的技术选育与开发利用大量的抗盐农作物品种，如埃及的耐盐水稻、耐盐碱小麦，美国的抗盐大麦和番茄以及我国植申系列高产抗盐小麦品种、轮抗 6 号与轮抗 7 号小麦、聊 87 和盐棉 48 号等抗盐棉。

（4）化学改良及盐碱土改良剂的研究应用　在盐碱土改良中，化学方法也是一种重要的手段，寻找一种合适的改良剂是改良和保护土壤的关键。改良剂主要是通过离子交换作用及化学作用，降低土壤的交换性 Na^+ 的饱和度和盐碱度；或者通过改善土壤理化性状，改变土壤盐分运动状况，促进土壤脱盐，抑制土壤返盐，中和土壤碱度，从而减轻盐分对作物的危害，以及增加作物生长所需的养分，提高作物产量，从而达到改良盐碱的目的。现在的盐碱土改良剂主要有以下三类物质：①含钙物质，如石膏、磷石膏、石灰等，主要以 Ca^{2+} 代换 Na^+ 为改良机理；② 酸性物质，如硫酸及其酸性盐类、磷酸及其酸性盐类，主要以中和碱为改良机理；③ 有机类改良剂，如传统的腐殖质类（草炭、风化煤、绿肥、有机物料）、工业合成改良剂（如施地佳、禾康、聚马来酸酐和聚丙烯酸）、工农业废弃物等。

18. 中国盐碱土改良研究的历史如何？

中国古代最早涉及盐碱土的主要文献有《禹贡》《周礼》《管子·地员》等，特别是《管子·地员》，它是公认的古代土壤科学的经典著作。它不只记载了多种盐碱土而且对地下水水质、深度及其与盐碱土的关系有着比较深入系统的探讨。盐碱土的开发利用在我国农业发展史上，一直处于十分重要的地位。早在公元前548年，楚国为了征赋和规划农业生产曾对境内广大地区包括盐碱土在内的土壤资源进行了大规模的勘测调查。《管子·轻重乙》对盐碱土地区的水盐运动规律已有初步认识。"带河负济，苴泽之萌也"是指临近黄河与济水易于形成有泽生草才能生长的低洼盐碱地，可见古人对盐碱区区域性水盐运动及其对土壤盐碱化的关系已有所探究，这与现代人常说的背河洼地受侧渗补给影响形成盐碱地的看法是一致的，这是受水盐运动规律影响，土壤产生盐碱化的记载。反之也有利用淡水淋洗盐分改良土壤的经验，《吕氏春秋·任地》所说的"子能使吾土靖而甽浴土乎"所反映的就是运用田间排水沟渠洗盐改土的情况。西汉时期人们进一步认识到黄河泛滥，水行地上使得地下水位升高经蒸发后形成盐碱土的情况。西汉哀帝时贾让在治河三策中指出"水行地上，凑润上彻，民卿病湿气，木皆立枯，卤不生谷"，这是近两千年前古人在探讨黄河中下游一带平原地区盐碱土成因方面的重大突破，具有极为重要的理论价值和实践意义。明清以后，随着改良利用工作的发展，人们对盐碱土特征的认识又有显著的进展。"卤碱之地三、二尺下不碱"表明当时人们对土层中盐分分布的不均衡性已有所认识，这也和现代土壤学中盐分在土层中的"丁"形垂直分布规律是一致的。

关于盐碱土的肥力状况，在《管子·地员》中将两种盐碱土的肥力等级排在 18 种土壤中最差的下三等之列。可见古人一贯将盐碱土与肥力贫瘠联系在一起。关于植物耐盐性与植物生态学的知识，早在《管子·地员》中已有较为深入的探讨，其中"黄唐""斥埴"等盐碱土有其相宜的作物，反映在盐碱土的治理工作中已初步探索到不同作物对盐碱土适应能力（耐盐性）的差异，并以此作为改良利用盐碱地的重要依据之一。到南北朝时期，《齐民要术》中已有耐盐碱的粟类品种出现，显示此时对作物耐盐性与遗传育种规律的运用已有很大进步。

综上所述，古人在长期改造利用盐碱地的过程中，曾探索总结出不少科学、合理、规律性的理论，如水盐运动规律、盐碱土形成规律、瘠碱相随规律、盐分分布规律、作物耐盐性及遗传育种规律等。这都是我国古代劳动人民智慧的体现，但是受历史条件限制古人只能以直观的、朴素唯物论的观点探讨盐碱土的形成与发展，虽不像现代科学分析那样缜密系统，但是由于这些认识均来自生产实践，并在盐碱土的治理工作中，不断充实提高，因此它们不仅大大丰富了古人对盐碱土的认识，而且为后来各项改良利用措施提供了重要理论依据，对盐碱土的治理工作产生了极其深远地影响。

第二章 土壤盐分监测分析技术及预警

19. 土壤盐分与植物生长有什么关系?

盐分不仅是土壤的必要组成部分,也是植物生长的营养元素,但是过量的盐分会干扰养分离子平衡和渗透胁迫,盐胁迫几乎影响植物如光合、生长、脂类代谢和蛋白质组成、能量代谢等所有的重要植物生命代谢过程。不同植物对盐分的耐受性不同,但是超过一定盐浓度所有的植物生长都会受到一定程度的抑制甚至死亡。

植物体内含有多种元素,植物根据自身的生长发育特征来决定某种元素是否为其所需,人们将植物体内的元素分为必需元素和非必需元素。据此,植物必需元素计有 17 种:碳(C)、氢(H)、氧(O)、氮(N)、磷(P)、钾(K)、钙(Ca)、镁(Mg)、硫(S)、铁(Fe)、锰(Mn)、锌(Zn)、铜(Cu)、钼(Mo)、硼(B)、氯(Cl)和镍(Ni)。另外 4 种元素钠(Na)、钴(Co)、钒(V)、硅(Si)不是所有作物都必需的,但对某些作物的生长是必需的,缺乏它们也不行。除了碳(C)、氢(H)和氧(O)这三种非矿质营养元素存在于大气 CO_2 和水中外,其他 14 种矿质营养元素和 4 种有益元素全部来自土壤。根据植物需量的大小,必需营养元素分为大量元素氮(N)、磷(P)、钾(K),中量元素硫(S)、钙(Ca)、镁(Mg),微量元素硼(B)、铁(Fe)、铜(Cu)、锌(Zn)、锰(Mn)、钼(Mo)、氯(Cl)、镍(Ni),有益元素钠(Na)、钴(Co)、钒(V)、硅(Si)。它们在作物体中同等重要,缺一不可。无论哪种元素缺乏,都会对作物生长造成危害。同样,某种元素过量也会对作物生长造成危害。

盐碱对作物的危害,一方面是间接改变土壤的理化性状,使植物失去良好的生活环境和营养条件,另一方面是通过土壤溶液直接危害作物细胞，影响作物正常吸收和代谢机能。

① 影响作物水分吸收。植物吸水是借助于根毛的渗透作用，盐生植物的渗透压多在 40 个大气压以上，而一般作物的渗透压多在 10～20 个大气压之间，当作物的渗透压比土壤溶液的渗透压大一倍以上时，能够从土壤中源源不断地吸收水分。当土壤含有较多的可溶性盐分时土壤溶液浓度增加，渗透压也相应增大，作物吸水就会变得困难；当土壤溶液渗透压大于作物根细胞渗透压时，就会出现反渗透现象，产生生理脱水而枯死。

② 影响作物的养分吸收。作物所需的养分一般都是伴随水分吸入体内的。土壤大量含盐影响作物吸水，同时也影响作物吸收养分。随着土壤盐分浓度的增大，作物吸收氮、磷的数量逐渐减少，作物根系选择性吸收能力也相应降低，一些非营养离子随"蒸腾流"经木质部到达作物地上组织和器官。

③ 离子毒害。当土壤溶液浓度过高时，非营养离子大量进入植物体内，而营养离子吸收减少或吸收不上，从而扰乱了正常的离子平衡，干扰了植物正常的新陈代谢功能，如改变氮素代谢的进程，破坏蛋白质的合成和水解，以及引起氨在植株体内的聚集，危害作物的生长和发育。

20. 什么是土壤酸碱度？

土壤中存在着各种化学和生物化学反应，表现出不同的酸性或碱性。土壤酸碱性的强弱，常以酸碱度来衡量。土壤之所以有酸碱性，是因为在土壤中存在少量的氢离子和氢氧根离子。土壤溶液中的氢离子和氢氧根离子的构成状况形成了土壤酸碱性，当氢离子浓度大于氢氧根离子浓度时，称之为酸性；当氢氧根离子浓度大于氢离子浓度时，称之为碱性，用 pH 表示。土壤的酸碱性深刻影响着作物的生长和土壤微生物的变化，也影响着土壤物理性质和养分的有效性。我国土壤酸碱性分为七级：强酸性（＜4.5）、酸性（4.5～5.5）、弱酸性（5.5～6.5）、中性（6.5～7.5）、弱碱性（7.5～8.5）、碱性（8.5～9.5）、强碱性（＞9.5）

土壤酸碱性形成机理如下。

① 土壤酸性。根据 H^+ 和 Al^{3+} 的存在方式不同，分为活性酸和潜性酸两种。活性酸指土壤溶液中的 H^+ 所表现的酸度（即 pH），包括土壤中的无机酸、水溶性有机酸、水溶性铝盐等解离出的所有 H^+ 总和。潜性酸指土壤胶体上吸附态的 H^+ 和 Al^{3+} 所能表现的酸度。活性酸与潜性酸是在同一平衡体系中两种不同的酸度形态，可以互相转化。活性酸是土壤酸度的强度指标，潜性酸是土壤酸度的容量指标。潜性酸比活性酸大几千到几万倍。

② 土壤碱性。形成碱性反应的主要机理是碱性物质水解反应产生的 OH^-，土壤碱性物质包括钙、镁、钠的碳酸盐和重碳酸盐，以及胶体表面吸附的交换性钠。

土壤酸碱性对作物养分及肥料有效性的影响主要包括以下几方面：①降低土壤养分的有效性，氮在 pH 为 6～8 时有效性较高，pH<6 时固氮菌活动降低，pH>8 时硝化作用受到抑制；磷在 pH 为 6.5～7.5 时有效性较高，pH<6.5 时易形成迟效态的磷酸铁、磷酸铝，有效性降低，pH>7.5 时则易形成磷酸二氢钙。②酸性土壤淋溶作用强烈，钾、钙、镁容易流失，导致这些元素缺乏；在 pH>8.5 时，土壤钠离子增加，钙、镁离子被取代形成碳酸盐沉淀，因此钙、镁的有效性在 pH 为 6～8 时最好。③铁、锰、铜、锌、钴五种微量元素在酸性土壤中因可溶而有效性高；钼酸盐不溶于酸而溶于碱，在酸性土壤中易缺乏；硼酸盐在 pH 为 5～7.5 时有效性较好。④强酸性或强碱性土壤中 H^+ 和 Na^+ 较多，缺少 Ca^{2+}，难以形成良好的土壤结构，不利于作物生长。⑤土壤微生物最适宜的 pH 是 6.5～7.5 的中性范围，过酸或过碱都会严重抑制土壤微生物的活动，从而影响氮素及其他养分的转化和供应。⑥一般作物在中性或近中性土壤生长最适宜，但某些作物如甜菜、紫苜蓿、红三叶不适宜酸性土；茶叶则要求强酸性和酸性土，中性土壤不适宜生长。⑦易产生毒害物质，土壤过酸容易产生游离态的 Al^{3+} 和有机酸；碱性土壤中可溶盐分达一定数量后，会直接影响作物的发芽和正常生长，含碳酸钠较多的碱化土壤，对作物的毒害作用更大。

21. 土壤酸碱判别手段有哪些？

不同的植物都需要一个最佳的生长环境，酸性土壤以及碱性土壤都是限制植物生长的一个重要因素；土壤酸碱度直接关系到种植作物的用肥情况和产量，在盐碱地改良利用过程中，土壤酸碱度的判断是改良和利用的第一步。其主要方法和手段有以下五步。

(1) 区域特征及成土条件概判 一般东南土壤偏酸性，北方土壤偏碱性；一般采自山川、沟壑的腐殖土，多为酸性腐殖土，戈壁荒漠的土壤多为碱性土壤。

(2) 表观特征初步判断 酸性土壤一般颜色较深，多为黑褐色，而碱性土壤颜色多呈白、黄等浅色；盐碱地区，土表经常有一层白粉状的碱性物质。在野外采掘挖土时，可以观察一下地表生长的植物，一般生长野杜鹃、松树、杉类植物的土壤多为酸性土；而生长柽柳、谷子、高粱等植物的土多为碱性土。酸性土壤质地疏松，透气透水性强；碱性土壤质地坚硬，容易板结成块，通气透水性差。酸性土壤握在手中有一种"松软"的感觉，松手以后，土壤容易散开，不易结块；碱性土壤握在手中有一种"硬实"的感觉，松手以后容易结块而不散开。

(3) 试纸方法及酸碱反应法简单判别 用 pH 试纸来测土壤的酸碱性，方法为：取部分土样浸泡于水中，将试纸的一部分浸入浸泡液，取出后观察其颜色的变化，然后将试纸与比色卡相比较。若 pH＝7，土壤为中性；若 pH＜7，则为酸性；若 pH＞7，则为碱性。另外，通过一些简单的酸碱反应也可以初步判断，取酸（可以是食用醋或者其他酸）、碱（原则上选择碳酸盐，可以是苏打或者小苏打溶液）和土壤饱和溶液各两份，分别加入酸性溶液和碱性溶液，一般碱土加入酸性溶液会出现气泡，酸性土加入碱性溶液会有气泡。

(4) 酸度计方法定量判断 其基本原理是：用 pH 计测定土壤 pH 时，利用化学反应中的氧化还原反应，玻璃电极内外溶液 H^+

活度的不同产生电位差，产生电流，电流数值的大小来驱动电流表所对应的不同 pH 和湿度值的单元数据，根据酸碱度计的读数确定土壤的酸碱值。

（5）离子特征定量判定 通过分析土壤中阴阳离子组成及ESP 等，精确定量判定土壤的盐碱类型及其碱化度。

22. 土壤质地与土壤盐分累积有什么关系？

土壤质地是根据土壤的颗粒组成划分的土壤类型。土壤质地一般分为沙土、壤土和黏土三类，其类别和特点主要是继承了成土母质的类型和特点，又受到耕作、施肥、排灌、平整土地等人为因素的影响，是土壤的一种十分稳定的自然属性。由于沙质土壤含沙粒较多、黏粒少，颗粒间空隙比较大，所以蓄水力弱，抗旱能力差。由于黏质土壤含黏粒较多，颗粒细小，孔隙间毛管作用发达，能保存大量的水分，但是水分损失快，保水抗旱能力差。土壤各种不同的质地、结构和土壤剖面构型导致土壤毛管水蒸发耗损和水盐动态有明显的差异，从而对土壤盐碱化的影响也不同。①黏质土（重壤土—黏土，也包括部分偏黏的中壤土）的毛管孔隙直径小，在其处于表层而厚度大于 30 cm 以上的情况下，由于地下水通过土壤毛管上升运行的速度慢，往往因地表蒸发强烈，水分耗损的速度大于毛管水补给的速度，而产生毛管上升水流中断的现象。沿黏质土毛细管上升的水分与土粒吸附的膜状水之间的摩擦力，在水分运行过程中逐渐大于毛管水柱弯月面压力差，毛管水上升高度受到很大的限制而小于理论值，因而要求的地下水临界深度值较小，土壤不易发生盐碱化。②沙土与壤质沙土的毛管孔隙直径相对较大，地下水通过土壤毛管上升的速度相对较快而上升高度较小，因而沙质土壤要求的地下水临界深度值略大于或相近于黏质土的地下水临界深度，即使土壤发生盐碱化，其程度也较轻，沙壤土至轻壤土的毛管孔隙直径适中，地下水或流沙层中的饱和水通过土壤毛管上升的速度既快而上升高度又大，地下水位以上全剖面为轻沙壤土的地下水临界深度值要求最大，土壤极易发生强烈盐碱化。例如在洼地中的积水，即使全部干涸后，因为洼地多黏质土，地下水位虽高，但黏质土毛管上升运动速度慢，易于发生水分补给速度小于蒸发速度，产生毛管断流，土壤中的积盐很轻。

在水分入渗过程中盐分的运移主要靠重力水的作用，重力水的运动速度和流量主要受土壤的透水性及土壤排水条件影响，而不同质地的土壤就决定了土壤的透水性。在冻融过程中由于不同质地土壤的孔隙状况不同，土壤剖面的水分运动速度及流量不同，在冻结过程中，下层土体及地下水中的盐分向上运移的数量就不同，在相同的地下水位情况下，沙壤土剖面的地下水消耗量为黏土的 2～4 倍，沙壤土冻层中盐分的增量约为黏土的 2 倍。

23. 土体构型与土壤盐分累积有什么关系？

土体构型是指各土壤发生层有规律的组合、有序的排列状况，也称为土壤剖面构型，是土壤剖面最重要的特征。土壤剖面指从地面垂直向下的土壤纵剖面，也就是完整的垂直土层序列，是土壤成土过程中物质发生淋溶、淀积、迁移和转化形成的。不同类型的土壤具有不同形态的土壤剖面。土壤剖面可以表示土壤的外部特征，包括土壤的若干发生层次、颜色、质地、结构、新生体等。在土壤形成过程中，由于物质的迁移和转化，土壤分化成一系列组成、性质和形态各不相同的层次，称为发生层。发生层的顺序及变化情况反映了土壤的形成过程及土壤性质。土体构型分为 5 种类型，即薄层型、黏质垫层型、均质型、夹层型、砂姜黑土型；按障碍层出现的部位又分为 16 种构型。

一般在地下水位以上具有夹黏层的轻沙壤土的地下水临界深度值的大小，取决于夹黏层在土壤剖面中所处的部位、厚度及其结构状况。片状页状结构的薄层黏质土（一层或数层），如其总厚度不超过 10 cm，无论所处深度为浅位（近地表 20 cm 以上）、中位（距地表 30～60 cm）或深位（距地表 60 cm 以下），因对毛管水垂直运动阻碍不大，故其地下水临界深度值与全剖面为轻沙壤土者相近；若薄层夹黏层总厚度超过 10 cm，尤其是薄层夹黏层所处部位为浅位至中位情况下，对毛管水垂直运行产生一定的阻碍作用，其地下水临界深度值较全剖面轻沙壤土者小，一般土壤盐碱化也较轻；屑粒状、拟团粒状、团块状及棱块状结构的浅位至中位中层［厚度为20（30）～60 cm］和厚层（厚度为 60 cm 以上）夹黏层，不仅有大量毛细管孔隙（42%～50%），还有一些非毛管孔隙（1%～9%）及更大的裂隙，既能渗水，又能阻碍毛管水上升，其地下水临界深度值应较表层黏质土（自地表起，其厚度大于 30 cm）略大，土壤较不易盐碱化；深位中层和厚层夹黏层，因临近地下水位，对地下水毛管上升运行的阻碍相对浅位至中位者小，故其地下水临界深度值较浅位至中位者要大，但较全剖面为轻沙壤土的地下水临界深度值要小，土壤较易盐碱化，但其程度较轻沙壤土者要轻些；若深位中层和厚层夹黏层的结构为致密板状，由于其渗透性很差，常在夹黏层之上形成临时滞水层（有时在中位出现），在确定其临界深度时，必须充分考虑其对土壤表层积盐的影响，其作用相当于甚至大于地下水的作用。在生产中经常碰到的不透水层就是由于在土壤中部有黏性土壤的夹层存在，阻隔了土壤上下层的水盐运动。此外，由于人类的农业活动，在生产中由于长期的耕作，在耕作层下形成了 10 cm 左右的犁底层，特别坚硬板结，阻碍了透水、透气和作物根系生长，因此在生产中，通过深耕，把犁底层和隔水层打破，使土壤具有良好的渗水、淋盐和通气性。在盐碱地改良中需要注意土壤的钙积层、潜育层、氧化还原层等；在土壤开垦或者植树造林时，需要注意钙积层、潜育层、盐碱层等。

24. 地下水位与土壤盐分累积有什么关系？

地下水位指的是地下含水层中水面的高程。根据地下水的水力特征和埋藏条件，分为包气带水、潜水和承压水。包气带水是指储存在包气带（含有空气的岩土层）中以各种形式存在的水。潜水是埋藏在地表以下、第一隔水层以上，具有自由表面的重力水。包气带水直接接受大气降水的补给，水位、水温和水质随着当地气象因素的变化而发生着相应的变化，主要用于传统农田用水。承压水是指埋藏在地表以下两个隔水层之间具有压力的地下水。当人们凿井打穿不透水层，揭露含水层顶板的时候，承压水便会在水头的作用下上升，直到到达某一高度才会稳定下来。承压水具有稳定的隔水顶板，只能间接接受其上部大气降水和地表水的补给。地下水临界深度（或地下水临界水位）是指在一年中蒸发最强烈的季节不致引起土壤表层开始积盐的最浅地下水位埋藏深度，低于此深度就会导致盐分开始在土壤表层累积，而发生土壤盐碱化，我们把这个深度称之为地下水临界深度（或地下水临界水位）。在不同的自然和人为条件下，地下水临界深度不是一个常数，但在相同的自然条件和相同的水利与农业生物、耕作利用措施下临界深度是相同的。地下水临界深度是研究土壤盐碱化发生及其防治必不可少的重要科学依据和指标。影响地下水临界深度的主要因素有气候条件、土壤性质（与影响土壤毛管性能有关的）、水文地质条件（尤其是矿化度）和人为措施四个方面，这些因素的综合作用，支配着土壤季节性水盐动态和年度平衡。

土壤现代盐分累积过程是以导致水盐汇聚和累积的不良水文地质、地形和气候等因素综合影响为条件的。不同矿化度的地下水通过土体毛管作用而蒸发耗损，将所携带的水溶性盐类累积于土体中，特别是累积于表层土壤中，是土壤现代盐分累积过程最基本和最普遍的形式。除受矿化地面径流影响的土壤现代盐分累积过程外，所有其他土壤现代盐分累积过程归根到底都是在地下水直接参与作用下进行的。地下水影响下的土壤现代盐分累积过程，是指在没有海水浸渍和地面滞水侧渗作用参与下，由不良的地下水状况起绝对支配作用而导致的土壤现代积盐过程。一般说，较高的大中地形部位土壤质地粗松，地下径流通畅或较通畅，地下水位较深，多属淡水或弱矿化水，土壤大多不致发生盐碱化；而低平地势土壤质地大多细致，地下水流滞缓，在旱季地下水位埋藏深度大多浅于当地引起土壤盐化的地下水临界深度，地下水矿化度由 $1\sim2$ g/L 至 $20\sim30$ g/L，甚至 50 g/L 以上，土壤大多具不同程度的盐化，其强度首先取决于地下水位埋藏深度和矿化度大小，同时也必然与气候干旱程度和土壤毛管性能密切相关。大量研究资料证明,在没有地面滞水侧渗参与及地下水位埋藏深度小于其临界深度情况下,气候越干旱,土壤水和地下水毛管上升运动越活跃,地下水位埋藏深度越小和其矿化度越高,则土壤积盐就越强烈。在同一生物气候带,土壤质地面构型基本一致情况下,地下水矿化度相差不大,则地下水位越浅、土壤积盐越多;而在地下水位埋藏深度基本相近的情况下,地下水矿化度越高、土壤积盐越重。当地下水矿化度较高时,如果地下水位埋藏深度较大,土壤积盐不一定强烈;如果地下水位埋藏深度浅,即使地下水矿化度较低,也会导致土壤较强烈的积盐。因此,对地下水占绝对支配地位的土壤盐分累积过程来说,地下水埋藏深度是一个决定性因素。

25. 灌溉与土壤盐分累积有什么关系?

由于灌溉而使土壤盐分累积,由此产生的典型问题就是土壤次生盐碱化。土壤次生盐碱化是由于人为活动不当,恶化了一个地区或流域的水文和水文地质条件,引起土体和地下水中的水溶性盐类随土壤毛管上升水流向上运行而迅速在土壤表层累积,因而使原来非盐碱化的土壤发生了盐碱化,或增强了土壤原有盐碱化程度的现代积盐过程。在世界半干旱、干旱地区发展自流灌溉而导致土壤发生次生盐碱化,迄今仍然是一个尚未完全解决且具有普遍性的问题。近半个世纪以来,我国由于现代灌溉事业的迅速发展,干旱和半干旱土地灌溉面积不断扩大,因灌溉不当而引起土壤次生盐碱化的问题,已成为当今农业发展的主要障碍之一。我国北方的许多新、老灌区,如内蒙古河套灌区、宁夏银川灌区、山西汾河灌区、新疆皮墨垦区等灌区,都有灌溉不当而抬高地下水位、导致土壤次生盐碱化的发生,其原因主要是无节制灌水,灌水量太大,灌溉渠道渗漏及其他管理工作不善而引起的土壤盐碱化。上述这些干旱和半干旱灌溉土地都成为潜在的盐碱化土壤。所谓潜在盐碱化土壤是指为了提高现有耕地的单位面积生物产量和为了发展综合性农业而开垦利用荒地资源,因发展灌溉而采取的水利措施不当,致使原来表层不显盐碱化的可能发生次生盐碱化的各种类型土壤。因此，在各生物气候带的不同地形上都广泛分布有潜在盐碱化的土壤。因土壤次生盐碱化主要是在发展自流灌溉时采取的水利工程技术措施不尽合理，而使灌区水盐平衡失控引起的，故人们又常称其为灌区土壤次生盐碱化。由于灌溉而导致土壤盐分累积主要有以下几个原因。

（1）在具有潜在盐碱化威胁的地区，运用引、蓄、灌、排等水利技术措施不尽合理，导致灌区地下水位普遍上升超过当地的地下水临界深度，这是引起盐分累积，进而土壤发生次生盐碱化最主要的原因。在相同条件下，地下水位越浅，矿化度越高，土壤积盐越迅速、越重，即使在地下水矿化度不高的情况下，如其水位长期处于临界深度以上，也会引起土壤盐碱化。

（2）利用地面或地下矿化水灌溉，而又缺乏良好的排水淋盐等调控水盐动态的措施，导致盐分在上层土体中累积，使土壤发生次生盐碱化。宁夏回族自治区海源县高崖乡草场村利用石峡口水库矿化库水进行灌溉，引起土壤发生次生盐碱化就是一个典型例子。该村位于黄河支流清水河川地（即河谷平地），当地气候干旱，缺水，属灰钙土分布区，地下水位深达 10 m 以上。自 1960 年开始灌溉，作物单产较未灌水的旱地高 2 倍多，但灌溉数年后，土壤发生明显的次生盐碱化，种小麦已不成，改种大麦，后来连大麦也缺苗严重。资料显示当地未经灌溉之地，土壤含盐很少，且下层含盐量大于表层，上层土体中以重碳酸钙盐为主，钠盐次之，50 cm 以下土体中的盐分则以氯化物—硫酸盐为主；灌溉 5 年后暂时停灌之地，虽然耕层已脱盐，但下淋的盐分明显累积于心底土中，耕层含盐虽已很少，但其盐分组成较之未灌溉的有所差异，以氯化物重碳盐钠盐为主；连续灌溉 14 年之地，土壤盐分随灌溉年限的增加而逐年不断增高，使 150 cm 甚至更厚的土体强烈积盐，含盐量由下而上增加，以至表层土壤积盐最强烈致使所有作物无法生长而弃耕。从资料还可看出，经 14 年用矿化库水灌溉而强烈盐碱化的土壤，在其所含水溶性盐类中，氯化物主要累积于地表（0～1 cm），硫酸盐虽随土壤表层含盐量的增加而增加，但在累积速度上落后于氯化物，而在亚表土以下却超过氯化物而占优势。这正说明，在灌溉水尚未触及当地地下水的情况下，灌溉下渗水流仅湿润一定深度的土层后，在两次灌溉间隙期间，转而向地表运行强烈蒸发，而使由灌溉水携带来的盐分和以前历次灌水后在土体中累积的盐分，一同随土壤毛管悬着上升水流移向地表而累积，并显示按氯化物和硫酸盐类的溶解度大小而分异的规律。由此可见，在地下水埋藏深的地区，用矿化水进行灌溉而导致土壤发生次生盐碱化过程的特点，基本上与自然情况下受矿化地面径流影响的现代盐分累积过程的特点是一样的。

（3）干旱地区许多心底土中具有积盐层的各种类型土壤，具有明显的盐分累积而形成底层盐现象，在发展灌溉情况下，由于灌溉下渗水流量有限，不足以接触到地下水，而仅能湿润心底土积盐层，并溶解活化其中的盐分，后又随土壤毛管上升水流的蒸发而向土壤表层累积，导致土壤发生次生盐碱化。

由上述原因可知，灌溉不当导致土壤盐分累积而引起土壤次生盐碱化问题也是多种多样的。在为提高现有耕地的单位面积生物产量和为了发展综合性农业而开垦利用荒地资源时，应根据当地地质土壤等基础条件合理运用引、蓄、灌、排等水利技术措施发展灌溉，改善农业生产条件，减少灌溉引起的盐分累积现象；部分区域甚至通过合理灌溉实现了盐碱地的改良与利用。

26. 破坏性取样中土壤盐溶液取样方法有哪些？

土壤溶液是植物根系生长的重要环境条件。土壤溶液既含有有益于植物的养分，也可能含有过多的有害于植物的盐分。植物生长过程中对渗透压的反应与土壤溶液的总浓度有密切关系。但是，众所周知，有些离子在渗透压很低的情况下也会产生毒害作用。土壤溶液的组成对土壤肥力和盐度的评定颇为重要。因为土壤盐度对植物的影响从本质上看是渗透压的影响，所以可由测定土壤溶液的总盐分浓度计算出土壤盐度。测定土壤盐度最终的目的是获得真实的未扰动的代表性土壤溶液样品。

土壤盐分监测方法包括破坏性取样测定和原位监测两种。破坏性取样测定的主要步骤如下。

（1）采用土钻法或者剖面法分层获取土壤样品 该法优点在于简单快捷而且适用性广，但是这样会带来土壤理化性状的变化，测定数据与田间实际情况不能完全符合，最大的缺点是不利于长期定位研究。

（2）盐溶液的取得 根据不同要求可以采用浸提法、离心法、加压膜置换法、不混溶置换法等。① 离心法是将采集的新鲜土样用离心机提取土壤溶液，该法得到的土壤溶液为真实的原液，且不改变土壤的水分特征。其缺点是在估计淋溶损失时偏高，对于含水量较低的土壤，用离心法可能无法得到足够的土壤溶液。② 提取法是常规农化分析测定土壤养分的方法，测定结果与土水比及提取剂种类有关，常用的土壤盐分含量分析的水土比包括：饱和泥浆法、1：1法、1：5法（目前国内大部分数据是1：5法浸提分析的）、1：10法或者1：20法（主要用于土壤盐分过高的土壤）。③ 置换柱法是利用一定浓度的盐溶液淋洗装于土柱的新鲜土样，再测定淋洗液中的养分浓度。该方法存在沿侧壁下渗的优势流，影响测定结果，另外较费时。④ 压榨法的基本原理是用物理方法（加压），使土壤溶液从土壤中分离出来。其优点是在土壤含水量较低（9%～10%）的情况下，仍然可以获得土壤溶液。

（3）盐分分析 主要采用传统方法（烘干法、离子成分测定）、离子色谱仪、电导率法等。

27. 盐碱地土壤样品取样过程是什么？

土壤样品的采集和处理是土壤分析工作的一个重要环节。采集有代表性的样品是使测定结果如实反映其所代表的区域或地块客观情况的先决条件。原始样品即能代表分析对象的野外采集样品，其送交实验室进行分析前，需经过充分混匀；分样后的样品称为平均样品；分析样品则是将平均样品根据不同的检测项目相对应土壤颗粒大小的要求，进行磨细、风干、过筛等步骤处理而成的。分析测定时，从分析样品中称取，其结果可以代表目标土壤。取得正确分析结果的关键在于采取正确的取样方法，从而保证土壤测试数据的准确性和代表性。现对土壤样品的正确采集方法、过程进行详细介绍，为盐碱地改良和利用提供依据。

(1) 土壤样品采集的原则　采集土壤样品，根据分析项目的不同而采取相应的采样与处理方法，使采集的土样具有代表性和可比性，原则上应使所采土样能对所研究的问题在分析数据中得到应有的反映。采样时按照等量、随机和多点混合的原则沿着一定的线路进行。等量，即要求每一点采取土样深度要一致，采样量要一致；随机，即每一个采样点都是任意选取的，尽量排除人为因素，使采样单元内的所有点都有同等机会被采到；多点混合，是指把一个采样单元内各点所采的土样均匀混合构成一个混合样品，以提高样品的代表性。因此，在实地采样之前，要做好准备工作，包括收集土地利用现状图、采样区域土壤图、行政区划图等，制定采样工作计划，绘制样点分布图，准备好采样工具、GPS、采样标签、采样袋等。

(2) 土壤采样点的确定　采样前，在待测区域的地域范围内统筹规划，参考全国第二次土壤普查采样点位图，综合土地利用现状图、土壤图和行政区划图等确定采样点位，根据土地利用、土壤类型、产量水平、耕作制度等在采样点位图的基础上进一步划分采样单元，采样单元平均面积为 $6.67 \sim 13.33$ hm^2，要尽可能保证各个采样单元的土壤性状均匀一致。采样单元大小应根据区域地貌特征而定，在区域养分状况调查中，对于温室大棚土壤，或者每 $30 \sim 40$ 个棚室采 1 个样；大田园艺、丘陵区作物 1 个样代表 $2.00 \sim 5.33$ hm^2，大田、平原区作物 1 个样代表 $6.67 \sim 33.33$ hm^2，有条件的地区，可以农户地块为土壤采样单元，采样地块面积为 $666.67 \sim 6\,666.67$ m^2，将同一农户的地块中位于每个采样单元相对中心位置作为典型地块集中采样，以便于施肥分区和田间示范跟踪。采用 GPS 定位，精确至 $0.1''$，将经纬度准确记录下来；但是对于盐碱地改良利用中的土壤取样过程，建议充分考虑小地形特征和盐碱斑，根据区域土壤盐分特征整体划分取样单元，不一定必须按照平均取样原则。

(3) 土壤样品的采集方式　不管用何种方式进行采集，每个采样点土样保持下层与上层的比例、采样质量及取土深度基本均匀一致。土铲采样操作时，应先铲出 1 个耕层断面，再平行于断面进行取土；取样器取土，应入土至规定的深度，且方向垂直于地面；盐碱地改良利用的土壤取样过程中建议充分考虑地下水的因素，在取样深度设计时候最好能够有部分典型样点能够接触到地下水位；另外，如果采用挖土壤剖面的方式取样，建议采用分段式取样方法，即挖一定深度剖面取一次土样，避免因破坏隔水层而出现地下水突然上升影响取土样。

(4) 土壤物理性质的测定　包括孔隙度、土壤容重等土壤结构方面性质的测定，应采用原状样品，可直接用环刀在各土层中取样。在取样过程中，尽量保持土壤的原状，保持土块不受挤压，避免样品变形；采样时不宜过干或过湿，注意土壤湿度大小，最好在经接触不变形、不黏铲时分层取样，如有受挤压变形的部分则不宜采用。土样采后要装入铁盒中保存，其他项目土壤根据要求装入铝盒或环刀，携带到室内进行分析测定。

(5) 土壤剖面样品测定　先在选择好的剖面位置挖 1 个长方形土坑，规格为 1.0 m×1.5 m 或者 1.0 m×2.0 m，土坑的深度根据具体情况确定，大多在 1～2 m，一般要求达到母质层或地下水位。观察面为长方形较窄向阳的一面，挖出的土不要放在观察面的上方，应置于土坑两侧。首先根据土壤发生层划分土壤剖面，利用相机等设备获取剖面信息及其图像。然后，自上而下划分土层，根据土壤剖面的结构、湿度、颜色、松紧度、质地、植物根系分布等进行确定。在分层基础上，按计划项目仔细进行逐条观察并做出描述与记录，为便于分析结果时参考，应当在剖面记载簿内逐一记录剖面形态特征。观察记录完成后，按土壤发生层次采样，采集分析样品时，也是自下而上逐层进行，无需采集整个发生层，通常只对各发生土层中部位置的土壤进行采集，将采好的土样放入样品袋内，并准备好标签（注明采集地点、层次、剖面号、采样深度、土层深度、采集日期和采集人等信息），加标签同时附在样品袋的内外。土壤剖面样品一般用于研究土壤基本理化性质。

（6）耕作土壤混合样品　耕作土壤混合样品的采集，一般取耕作层 0～30 cm 的土壤，不需要挖剖面，深度最深达到犁底层（实际采样深度可根据当地农业机械作业深度确定）。该样品可用于研究土壤耕作层中养分在植物生长期内的供求变化情况及耕层土壤盐分动态。采样点的数量可根据试验区的面积而定，目的是为了正确反映植物长势与土壤养分动态的关系，通常为 15～20 个点。可采用蛇形（"S"形）取样法、梅花形布点取样和对角线取样法，采样点的分布要尽量均匀，从总体上控制整个采样区。

28. 盐碱土样的制备流程是什么？

（1）将采回的土样均匀地平摊在晾土盘上，标签压在土盘下，置于通风干燥处使其自然风干，并避免其他气体和尘土落入。

（2）用放大镜观察，用镊子拣去细碎植物残体后，用硬质木棍或广口瓶将大土块研碎后，将通过 2 mm 筛孔的土样充分混匀。用四分法取 400～500 g，装入 500 mL 广口瓶中（或牛皮纸袋中）贴上标签，以备机械分析用。

（3）将剩余的通过 2 mm 筛孔的土样继续压碎，使之完全通过 1 mm 筛孔，充分混匀后，用四分法分取 2/3 装入 250 mL 广口瓶中（或牛皮纸袋中），贴好标签以备测 pH、阳离子交换量、速效养分含量、全盐量等用。

（4）将剩余的 1/3 土样继续研磨，使之全部通过 0.25 mm 筛孔，混匀后装入 100 mL 广口瓶中（或牛皮纸袋中），贴上标签，留作土壤有机质、全氮量、全磷量等项目的测定。

29. 土壤盐溶液分析测定方法有哪些？

在农业种植过程中，合理测量土壤中盐的含量，对正确施肥和选择作物具有十分重要的作用。从目前掌握的情况来看，土壤盐溶液获取的方法包括浸提法、离心法、加压膜置换法、不混溶置换法等，而盐溶液的分析方法包括电导法和重量法等，这些检测方法在实际中都得到了重要应用。

(1) 重量法 也称为总盐法，取一定量的清亮的盐分浸出液放入蒸发皿中蒸干，用过氧化氢除去残渣中的有机质后，在 $105 \sim 110\,℃$ 彻底烘干至恒重，用万分之一的分析天平称重来计算土壤盐分总量。此法为经典方法，结果准确度高，但是操作繁琐，费时费工，不适合大批量样品的检测。此法的误差主要来自土壤样品溶液中的少量的非盐固体、极少量的中溶和难溶盐及阴离子、阳离子在烘干过程中的变化。通常用水浸提液的烘干残渣量来表示土壤中水溶性物质的总量，烘干残渣量不仅包括矿质盐分量，尚有可溶性有机质以及少量硅、铝等氧化物。盐分总量通常是盐分中阴、阳离子的总和，而烘干残渣量一般都高于盐分总量，因而应扣除非盐分数量。

(2) 土壤电导率法 土壤 EC，也称为土壤电导率，是测定土壤水溶性盐的指标，而土壤水溶性盐是土壤的一个重要属性。电导率法测定原理：土壤水溶性盐是强电解质，其水溶液具有导电作用，在一定浓度范围内，溶液的含盐量与电导率呈正相关，因此通过测定待测液电导率的高低，然后根据由本地区的盐分与电导率的数理统计关系方程式求得土壤全盐量，即可测出土壤水溶性盐含量，其度量单位为 S/m 或 $\mu S/m$。其优点是快速、简便、适合于大批量的样品检测；缺点是检测结果易受土壤盐分组成成分、土壤质地及检测环境温度的影响。

(3) 比重计法 其原理依据阿基米德定律，即浸在液体里的物体受到向上的浮力，浮力的大小等于物体排开液体的质量。比重计的质量是一定的，液体的密度越大，比重计就浮得越高，所以从比重计上的刻度就可以直接读取相对密度的数值或某种溶质的百分含量。

(4) 阴阳离子总和计算法 其原理是通过用化学方法测定盐分

浸出液中的离子含量，分析土壤中可溶性盐分的阴、阳离子组成，以及由此确定的盐分类型和含量，计算出的各离子总量作为土壤全盐量；离子总量与全盐量之间的相对误差通常小于 10%，符合盐分分析的允许误差范围。

（5）离子色谱法　离子色谱仪是一种采用离子交换树脂的液相离子色谱仪，它可以分析碱金属离子、碱土金属离子、多种阴离子及有机酸类物质，具有快速、灵敏、准确、自动化程度高的优点，但仪器价格昂贵，尚不普及，而且和其他仪器一样，当含盐量高时，稀释倍数大，误差大。

30. 什么是八大离子？如何分析八大离子含量？

土壤盐分八大离子是由土壤阴离子和阳离子组成，阴离子由碳酸根（CO_3^{2-}）、碳酸氢根（HCO_3^-）、氯根（Cl^-）、硫酸根（SO_4^{2-}）组成，阳离子由钙离子（Ca^{2+}）、镁离子（Mg^{2+}）、钾离子（K^+）、钠离子（Na^+）组成。

土壤可溶性盐分是用一定的水土比例和在一定时间内浸提出来的土壤中所含有的水溶性盐分。分析土壤中可溶性盐分的阴、阳离子组成和由此确定的盐分类型及含量，可以判断土壤的盐碱状况和盐分动态。而盐分对作物生长的影响，主要决定于土壤可溶性盐分的含量及其组成，以及不同作物的耐盐程度。就盐分组成而言，苏打盐分（Na_2CO_3、$NaHCO_3$）对作物的危害最大，氯化钠次之，硫酸钠相对较轻。

（1）碳酸根、碳酸氢根的测定

① 双指示剂中和法。当待测液中含有碱金属和碱土金属的碳酸盐时，pH 在 8.3 以上，能使酚酞指示剂显红色，用标准酸中和全部碳酸根成碳酸氢根后，则酚酞褪色；加入甲基橙指示剂，呈黄色，继续滴加标准酸将碳酸氢根中和为二氧化碳和水，则甲基橙显橙红色（pH 为 3.8），即达到终点。用标准硫酸滴定，应按下式进行：$2Na_2CO_3 + H_2SO_4 \rightarrow 2NaHCO_3 + Na_2SO_4$（pH 8.2 为酚酞终点）；$2NaHCO_3 + H_2SO_4 \rightarrow Na_2SO_4 + CO_2 + H_2O$（pH 3.8 为甲基

橙终点）。

② 电位滴定法。电位滴定法采用自动电位计测定，该仪器由自动滴定和电位控制两部分组成，控制部分应用土壤酸度计的工作原理；用玻璃电极作为指示电极，甘汞电极作为参比电极，其电位差随着溶液中氢离子浓度的改变而改变；通过预控终点电位（即终点 pH）即可自动控制终点；根据达到不同等当点时所消耗的标准体积，计算 CO_3^{2-} 和 HCO_3^- 的量。

（2）氯离子的测定　硝酸银滴定法：由于氯化银的溶度积小于铬酸银的溶度积，根据分步沉淀的原理，在 pH 为 $6.5\sim10.5$ 的溶液中，用硝酸银滴定氯离子，以铬酸钾作指示剂，在等当点前，银离子首先与氯离子作用生成白色氯化银沉淀，而在等当点后，银离子与铬酸根离子作用生成砖红色铬酸银沉淀，即达终点。反应式：$Ag^+ + Cl^- \rightarrow AgCl\downarrow$（白色）；$2Ag^+ + CrCO_4^{2-} \rightarrow Ag_2CrO_4\downarrow$。

（3）硫酸根的测定

① 氯化钡滴定—茜素红-S 法。茜素红-S 本身既为酸碱指示剂（pH 7 以下呈黄色，pH 5.2 以上呈红色），又能与钡离子形成红色络合物，故当溶液 pH 低于 3.7 时，它本身呈黄色，但遇钡离子则变红色，当溶液中硫酸银被二氧化钡滴定时，过剩 1 滴钡液即使茜素红-S 变红色，视达终点。

② EDTA 容量法。先用过量的 $BaCl_2$ 将溶液中的 SO_4^{2-} 沉淀完全。过量的 Ba^{2+} 连同浸出液中原有的 Ca^{2+} 和 Mg^{2+}，在 pH 为 10 时以铬黑 T 为指示剂用 EDTA 滴定，为了使终点清晰，应增加一定量的 Mg^{2+}，由净耗的 Ba^{2+} 量，即可计算 SO_4^{2-} 量。

（4）钙、镁的测定　EDTA 络合滴定法：EDTA 可与钙、镁离子形成稳定的络合物，当溶液 pH 大于 12 时，镁离子沉淀为氢氧化镁，故可用 EDTA 测定钙离子；当溶液 pH 为 10 时，则可测定钙、镁离子的总含量，由总含量减去钙离子量，即得镁离子量。

（5）钾、钠的测定

① 差减法。即阴阳离子平衡法，阴离子的（硫酸根、氯离子、碳酸氢根、碳酸根）的摩尔数减去钙、镁离子的摩尔数，就是钾离

子和钠离子的摩尔数，具体公式：$(CO_3^{2-}$ me/100 g$+HCO_3^-$ me/100 g$+Cl_3^-$ me/100 g$+SO_4^{2+}$ me/100 g$)-(Ca^{2+}$ me/100 g$+Mg^{2+}$ me/100 g$)=(K^+、Na^+)$ me/100 g；$(K^+、Na^+)$ me/100 g$\times 0.023=(K^+、Na^+)$%。

② 火焰光度计法。样品中的原子因火焰的热能被激发处于激发态，激发态的原子不稳定，迅速回到基态，放出能量，发射出元素特有的波长辐射谱线，利用此原理进行光谱分析。

另外除了上述方法外，对于钾钠钙镁四个阳离子的分析还可以采用下面几种方法。

① 离子选择电极法。对某种特定的离子具有选择性响应，它能够将溶液中特定的离子含量转换成相应的电位，从而实现化学量—电学量的转换。

② 离子色谱法。利用离子交换原理，在离子交换柱内快速分离各种离子，由抑制器除去淋洗液中强电解质以扣除其本底电导，再用电导检测器连续测定流出的电导值，便得到各种离子色谱峰，将不同峰面积和标准相对应，从而建立定量分析的方法。

③ 红外光谱分析法。红外光谱分析法可对产品或原材料进行分析与鉴定，确定物质的化学组成和化学结构，检查样品的纯度。

④ 原子吸收光谱法。在待测元素特定和独有的波长下，通过测量试样所产生的原子蒸气对辐射光的吸收，来测定试样中该元素浓度的一种方法。

⑤ ICP - AES法。当氩气通过等离子体火炬时，经射频发生器所产生的交变电磁场使其电离、加速并与其他氩原子碰撞，这种连锁反应使更多的氩原子电离，形成原子、离子、电子的粒子混合气体，即等离子体。不同元素的原子在激发或电离时可发射出特征光谱，所以等离子体发射光谱可用来定性测定样品中存在的元素。

⑥ X荧光光谱法。样品受射线照射后，其中各元素原子的内壳层电子被激发、逐出原子而引起壳层电子跃迁，并发射出该元素的特征X射线（荧光）。每一种元素都有特征波长（或能量）的特征X射线。通过检测样品中特征X射线的波长（或能量），便可确

定样品存在何种元素。

31. 如何原位获取土壤溶液?

    土壤溶液是指含有溶质和溶解性气体的土壤间隙水,它既是多数土壤化学反应和土壤形成过程发生的场所,也是植物根系获取养分的源泉;在盐碱地中也是直接影响作物生长的环境因素。在传统的土壤分析中,土壤样品需要经过风干、研磨等样品处理,这些处理过程费时,而且部分结果与实际产生明显差异,影响土壤溶液特征数据的准确性。土壤采样方法可分为破坏性采样和非破坏性采样。非破坏性取样是通过埋设陶瓷管等设备,在原位长期定位取样,可以研究在一定时期内土壤溶液的动态变化,可分为测渗法、负压法、扩散法、毛细管法等。非破坏性采样方法主要是采用吸杯法(suction cup methed)以及近年来出现的一些微量取样器进行采样。吸杯法的原理是美国的 Briggs 和 Mccall 1904 年提出来的,据此原理,仪器公司(如美国的 SEC 公司)生产了土壤溶液取样器,主要由 3 个部分组成:吸杯(suction cup,大多由陶瓷制成,也可用人造刚玉、烧结玻璃、尼龙、聚氯乙烯、聚偏二氟乙烯、聚四氟乙烯和不锈钢等材料制成)、采样瓶(sampling bottle)和抽气容器(suction container)。吸杯法是原位土壤溶液采样技术中最常用的一种方法,是美国 EPA 规定的表征危险废物点的标准方法,其最大优点就是可以在剖面的不同层次上长期定位采样监测。但也存在局限性,如采集到的土壤溶液样品的代表性问题。因为土壤的空间变异性很大,要反映某一地块土壤溶液的真实情况,必须多点取样,同时还应考虑大空隙流带来的误差,而且价格较高。鉴于此,中国科学院南京土壤研究所的科研人员开发了简易实用价廉的 3S 型原位土壤溶液采样器(Soil Solution Sampler),并成功用于土壤溶液化学研究。3S 型原位土壤溶液采样器是一种原位直接抽提土壤溶液的微型装置,采用多孔空心材料(孔径 $0.1\sim0.3\,\mu m$,符合 $0.45\,\mu m$ 的溶液界定范围)作为滤芯隔离固体颗粒,该滤芯成环状(环的大小及环数量可依客户要求生产)埋置于土壤中,滤芯环两端与 PVC 管相连，PVC 管将进入滤芯的土壤溶液输出至注射器或真空管。土壤保持一定含水量，给注射器一定负压（支撑杆固定）即可抽取原位土壤溶液，抽取速度由负压大小和土壤含水量决定。它具有速度快、质量轻、个体小、简易实用、价格低廉等优点，采集的土壤溶液可以直接进行各种相关化学分析、测定，无需过滤，一次埋置滤芯后可多次抽取土壤溶液，在保证连续采集土壤溶液的同时还可以采集土壤断面的土壤溶液，减少了采样的试验误差，特别适用于根际动态及土壤溶液化学研究。

32. 土壤盐分原位监测方法及设备有哪几种？

土壤溶液是植物根系生长的重要环境条件。土壤溶液的组成对土壤肥力和盐度的评定颇为重要。土壤盐分的状况直接影响着植物的生长，其理论上是评价土壤盐碱化更直接的指标，但是由于土壤溶液电导率（EC_w）随土壤含水率变化剧烈和土壤溶液难以采集的原因，这一方法未被推广应用。当不需要测量土壤溶液的离子组成时，可采用土壤盐分传感器直接测量土壤溶液电导率来评估土壤盐分。现有常用的土壤盐分原位测量方法大致可分为土壤溶液法和土壤表观电导率法两大类。

（1）土壤溶液电导率法　包括采集土壤溶液后在实验室测定和土壤盐分传感器直接测量土壤溶液电导率，其主要步骤包括：① 土壤溶液原位采样，通常通过真空提取器采集；② 土壤溶液电导率的原位测量。

（2）土壤表观电导率法　土壤表观电导率是土壤的一个基本性质，包含了反映土壤质量与物理化学性质的丰富信息，其测定方法包括如下 3 种。

① 电阻法（ER）。由于四电极能消除电极极化效应，运用四电极是电阻法测量土壤表观电导率的常用方法。四电极包括两个电流电极和两个电压电极，工作时向电流电极提供激励电流，通过检测电压电极的电势来确定土壤表观电导率。四电极分为探针式和水平式两种，探针式四电极可以用于定位监测，水平式四电极可用于

土壤盐分的大面积调查。四电极有 Wenner、Schlumberger 和 Polar-dipo 三种测量组态，四电极已广泛应用于土壤盐分的测定。常用的四电极电导率仪有 ZC-8 型接地电阻测量仪、TY-1 型土壤电导仪、fixed-array 电导仪、Martek SCT-10 电导仪、STEC-100 型便携式土壤电导仪和 Veris3100 电导仪等。四电极是最早用于测定表观电导率的仪器，其主要优点是设备简单且形式多样，可根据测量目的不同选择不同形式的电极，如定位监测可采用探针式电极、大面积调查时选用犁刀式电极（Veris3 100）等，而调节电极间距可以改变测量深度和范围，适用性强。其主要缺点是电极必须与土壤紧密接触，在需要测定剖面中不同深度土壤盐分时需将电极插入土体至预定位置，而在含水量低或者石块较多的土壤中测定结果可靠性较差。

②电磁感应仪法（EM）。现在较为常用的有 Geonics EM38 和 EM31，EM38 的水平测量模式测量深度约为 0.75 m，垂直测量模式测量深度约为 1.5 m，EM31 测量深度约为 6 m，由于 EM38 更适合于测定作物根层土壤，因此应用更为广泛。电磁感应仪（以 EM38 为例）主要有信号发射（Tx）和信号接收（Rx）两个端子组成，两者之间相隔一定距离 S。工作时，信号发射端子产生磁场强度随时间变化并随土壤深度的增加而逐渐减弱的原生磁场（Hp）；变化磁场使土壤中出现微弱的感应电流，从而诱导出次生磁场（Hs）；信号接收端子既接收原生磁场信息又接收次生磁场信息并转化为与土壤特征有关的输出信号。影响 EM38 测量结果的因素众多，主要包括土壤含水量、土壤质地、土壤盐分、土壤有机质和土壤温度等。电磁感应仪（EM）为非接触直读式，能在地表直接测量土壤表观电导率，特殊的工作原理使得电磁感应仪能实时、快速、高精度地对土壤盐碱化程度与剖面特征进行测定。另外，EM38 用联接 DL600 数据采集器电缆的方式，较常规方法的调查速度快 100 倍以上，在大范围上（田间尺度）获取土壤信息具有很大的优越性，是介于传统田间采样和遥感之间最有现实意义的数据获取手段。

③ 时域反射法（TDR）。现行 TDR 仪器主要有美国的 TRASE Systems，德国的 TRIME，加拿大的 Moisture Point 和英国的 Theta Probe 等；随着电子技术的发展，也出现了许多不同形式的小型便携式 TDR 装置，如 Camp bell Scientific 公司的 HydroSense，Delta - T Devices 公司生产的 Wet Sensor 等，可同时测定土壤水分、盐分（EC）和温度。ER、EM 和 TDR 均通过测定土壤表观电导率来确定土壤盐分，具有不扰动原土、响应快速、操作简单和数据获取能力强的优点。但由于土壤表观电导率的影响因素众多、影响机理复杂，表观电导率和土壤盐分之间的校正是 3 种方法应用的主要限制因素。除此之外，三者工作原理的不同使得其有各自的特点。另外，土壤盐分遥感监测是随着遥感技术发展起来的一种获取土壤盐碱化程度的新手段，主要是从获取的多光谱、高光谱、雷达等遥感影像中提取有用的信息，采用建模的思路对土壤盐分进行反演。

33.　如何采用遥感手段获取区域土壤盐分信息？

土壤盐碱化是一个世界性的问题，传统的野外定位观测只能从点的观测和测量记录着手，把它连接成线，再延展到面，归纳形成宏观的区域概念，即从局部到整体，从微观到宏观，这需要较长时间的数据积累和处理过程。这一过程往往落后于自然变化过程的周期。随着遥感技术和图像处理技术的不断发展，应将遥感及遥感图像处理技术的最新成果充分运用到盐碱土监测研究中，为盐碱土治理与农业可持续发展提供信息保障，利用遥感手段已成为土壤盐碱化监测的主要手段。目前利用遥感手段监测土壤盐碱化的方法有包括以下几种。

（1）利用航空雷达提取盐碱化土壤信息　根据微波对土壤水分的敏感性，提出通过土壤水分和地下水位的关系建立地下水位的反演模型，土壤含盐量、地下水埋深和地表覆盖类型以及 NDVI 相结合提高盐碱地提取精度。

（2）利用计算机图像处理来提取盐碱化土壤信息　此方法主要

包括：① 对遥感信息单要素分类与遥感信息综合分类进行比较研究并改善盐碱化程度分类的精度和客观性；② 在对高光谱及多光谱遥感图像进行拉伸、比值、增强、二值化等处理的基础上，采用NDVI 指数、监督分类与非监督分类相结合的方法来对土壤盐碱化情况进行研究；③ 通过决策树方法建立盐碱化土壤信息提取模型，实现基于知识的盐碱化土壤信息的自动提取；④ 利用变换来对低分辨率数据与高分辨率全色数据进行融合分析来更清晰地确定不同级别盐碱土。

(3) 利用土壤的光谱特征来提取盐碱地信息　基于地物光谱特征、野外调查建立的地物与影像之间的关系以及土壤和地下水监测数据的辅助，利用常规监督分类法和改进的图像分类法来提取不同盐碱程度的盐碱地。

(4) RS、GIS 和数学模型相结合进行土壤盐渍化的管理、信息提取、监测与预报　此方法主要包括：① 数学模型与 GIS 及人工神经网络相结合建立土壤盐碱化监测与预报模型；② 基于模糊分类方法进行盐碱化土壤制图；③ 利用条件概率网络的土壤融合及建立土壤盐碱化动力学模型来监测并评价盐碱化土壤。

34. 土壤中水盐运移过程是什么？

土壤中的盐分以三种方式存在：一是以溶解态存在土壤溶液中；二是以吸附态吸附在胶体颗粒上；三是以固态形式存在于土壤中。土壤水分是土壤盐分的载体，伴随着水分的入渗，水流可将盐分带入湿润锋边缘，使土壤盐分在三维空间内发生运移。土壤水盐运移过程即由于土壤中水盐运动而引起的土壤中水盐状况随时间和空间的变化而变化。它是认识盐碱土发生演变和防治土壤次生盐碱化的理论基础。研究盐碱土的水盐运移规律，可以对盐碱地改良措施的作用及其适用性作出评价，从而合理采用改良措施，有效进行土壤盐碱化的防治。

(1) 土壤中水盐运移过程中由于降水和蒸发的季节性和年际的分配不均，使土壤中水盐产生季节性和多年的运移变化　在不同的区域由于受气候的影响，在不同气候条件下的降水及蒸发量不同，进而影响了土壤中盐分的淋洗和累积过程。① 当区域的气候特征表现为年降水量大于或近于蒸发量时，一年中盐分在土壤剖面中向下淋洗的程度大于由于蒸发而引起的盐分累积程度。从土壤剖面含盐的多年变化来看，表现为逐渐脱盐和淡化的过程。② 当年降水总量大于蒸发量时，由于降水和蒸发量在年内的分配不均形成了土壤季节性的水盐运移变化，一般在冬、春季蒸发量大于降水量，水盐在土壤剖面中向上运动强于向下的运动，因而使土壤表层的盐分有所增高，而在夏、秋则有明显的淋盐过程。③ 半湿润半干旱气候条件下的土壤水盐运移过程：我国半湿润半干旱地区的气候特点是年降水量小于或等于年蒸发量。由于受季风气候的影响，降水量在年内分配不匀，降水量的年际变化也很大。由此而形成的土壤水盐运移特点是土壤盐分有明显的季节性变化，在自然状况下，当地下水位埋深较浅时，土壤含盐量逐年增加。④ 干旱气候条件下的土壤水盐运移过程：该区域在地下水位埋深浅的情况下，地下水蒸发十分强烈，因而导致土壤几乎全年处于积盐状况，随着地下水位埋深和干燥度的增加，土壤的积盐强度随之而增加；由于土壤盐分淋洗十分微弱，只是由于不同季节的蒸发量不同，积盐强度才有所差异，特别是伴随冬季土壤形成深厚的冻结层，会发生土壤冻融过程所特有的"隐蔽"现象和随后的"暴发"性积盐现象。

（2）盐碱地在滴灌条件下，土壤中盐分的运移一般包括以下两个重要过程 一是在滴头灌水时，土壤盐分随入渗水流向四周迁移。由于滴头向土壤供水是一个点源空间三维的入渗过程，因此土壤盐分也将在水分的携带下，沿点源的径向不断向四周迁移。二是滴头停止灌水后，地表不再有积水下渗，此时土壤水分主要是在土壤势梯度以及在植物蒸腾和土面蒸发作用下进行再分布，盐分也将随着水分的再分布而迁移。一般情况下，在外界大气蒸发的影响下，土壤盐分多呈现为向表土的积盐过程。但由于覆膜种植阻断了土壤水分与大气之间的直接联系，改变了蒸发体（土壤）上边界的条件，从而起到了抑制土面蒸发的作用。这一作用不仅增加了作物对土壤水利用的有效性，起到了节水目的，而且也大大抑制和减缓了表土返盐的过程。

35. 蒸发条件下的水盐运移过程是什么？

土壤水盐的上下垂直运动主要是在水分蒸发、入渗和土壤冻融三种不同条件下发生的。这里将蒸发条件下的水盐运移过程分解为土壤的水分运动、土壤中的盐分运移和土壤中盐分累积的速度三个方面进行介绍。

（1）**土壤中的水分运动** 在无水分入渗补给土壤水分的情况下，土壤剖面中的水分运动主要是土壤水分在土壤水势梯度作用下的向上运动，或以水分毛管运动的观点解释为由于毛管作用面而形成的水分向上运动。在地下水位埋藏较深的情况下，地下水位以上的土壤水分运动可分为如下几个分带：吸湿水运动带、薄膜水运动带和毛管水运动带。在毛管水运动带中又可划分出三个分带：①支持毛管水，指被地下水毛管上升力所支持而存在于毛管孔隙内连续分布的水分，支持毛管水的最大值相当于毛管饱和含水量；②悬着毛管水，是在土壤孔隙中由于毛管水上下的表面张力差而保持的水分，它不因地下水的下降而下移，其最大值为最大悬着毛管含水量，最小值为毛管破裂含水量；③接触点毛管水，指存在于土粒接触点附近的毛管水，它的最大值为毛管联系破裂含水量，下限为最大薄膜含水量。

（2）**土壤中的盐分运移** 土壤的盐分（溶质）溶解于土壤水中，主要存在着如下几种运移形式，即土粒与土壤溶液界面处的离子交换吸附运动、土壤溶液中离子的扩散运动、溶质随薄膜水的运动和溶质随土壤中自由水的运动。由于土壤自由水流动的速度快、流量大，因而在土壤水分蒸发过程中，蒸发对盐分的运移起着主要的作用，在土壤溶液盐分浓度梯度较大的情况下，盐分离子在溶液中的扩散也起一定作用。在蒸发影响下，土壤中的盐分和地下水中的盐分将随水分的蒸发向表层土壤运行，在支持毛管水和悬着毛管水带，土壤的水分运动主要是液态水的运动，除了产生部分盐分离子与土壤颗粒上离子的吸附与交换运动之外,主要进行着水盐的输送过程。当土壤含水量达到毛管破裂点时,土壤中的水分开始汽化,土壤盐分也随之开始析出,因而盐分的积累开始于毛管破裂含水量出现的部位。在土壤剖面下层土体中含有一定盐分的情况下,即使地下水中含盐很少,在地下水通过土壤毛管向上运行过程中,也将携带下层土体中的盐分向上移动,使之向上层土体中累积。

(3) 土壤中盐分累积的速度 蒸发过程中对盐分运移起主要作用的是自由毛管水的运动,因此盐分向上层土体累积的速度主要取决于自由毛管水流运行的速度及通量。另外,还取决于地下水的含盐量。土壤毛管水的运行速度与土壤水分的蒸发强度、土壤结构和质地剖面构型、地下水位埋深有关。土壤水分蒸发强度又与气候条件、表土结构及地面覆盖和耕作情况有关,在相同表土结构和地面覆盖及耕作情况下,地下水蒸发量随气候条件变化而变化。

36. 入渗条件下的水盐运移过程是什么?

这里将入渗的水盐运移过程分解为土壤的水分运动、土壤中的盐分运移和土壤中的盐分累积速度三个方面进行介绍。

(1) 土壤的水分运动 水分入渗过程的运动是在毛管力和重力双重作用下进行的,在均质土壤剖面中,当地下水位埋藏很深、土壤原始含水量很小的情况下,地表水入渗过程中表层为一饱和含水层,其下为接近于饱和状态的过渡层,再下为厚度不断增加的传导层,其含水量较为均一,仍接近饱和含水量,最下为湿润层,随深度的增加,含水量梯度加大,直到湿润前锋。当地下水位埋深浅时,随着水分入渗量的加大,部分水分补给地下水,使其水位升高,最后地下水位上升到地表。

(2) 土壤中的盐分运移 伴随水分入渗土壤的过程而产生的盐分运移是非常复杂的过程,这是因为在盐分随水分下移过程中,还伴随有离子的交换、吸附、解析等作用。此外,水分的入渗可发生在以下几种情况下:一种是入渗水为淡水(含盐甚微或不含盐),土壤盐分集中于表土;另一种情况是入渗水为淡水(含盐甚微或不含盐），土壤盐分主要分布在心底土层；还有一种情况是入渗水为含有一定盐分的矿化水，而土壤中也或多或少含有不同数量的盐分（例如应用咸水灌溉）。根据土柱模拟试验和田间观测，表土中含有较多盐分时，在淡水入渗情况下，土壤剖面中水盐动态可有如下几个阶段：第一，土表盐分下移，盐峰形成阶段：水分入渗初期，入渗水溶解表土所含盐分和原有下层土壤溶液中盐分一并形成浓度较高的土壤溶液可称之为盐峰，在这一阶段，表土的土壤溶液浓度明显降低，盐峰层以下土层中土壤溶液浓度变化不大。第二，盐峰下移至最高盐峰出现：随着入渗水的不断增加，盐峰逐渐下移，由于下移的盐峰中又不断加入下一土层中的盐分，因而盐峰值逐渐加大，在某一深度处形成最大盐峰值，此时盐峰上部土层中的盐分大部已移入下层，土壤溶液浓度迅速下降，而盐峰下部土层中盐分也有所增加。第三，盐峰继续下移，峰值减弱，底土脱盐阶段：由于盐分扩散、弥散作用，又因部分盐分被排除（在有排水的情况下），在盐分继续下移过程中，峰值逐渐减小，心底土也逐渐脱盐。

（3）土壤中盐分累积的速度　水分入渗过程中，盐分的运移主要靠重力水的作用，因此盐分运行速度主要取决于重力水的运动速度及流量，重力水的运动速度和流量则主要受土壤的透水性能及土壤排水条件的影响，因各地土壤的透水性能及排水条件不同而不同。入渗水量越多，盐峰的下移深度越大，二者呈线性关系。入渗水量越大，土壤脱盐率也越高，利用含盐的矿化水进行灌溉，水分向土壤入渗时，将增加土壤中的含盐量，但由于咸水的浓度一般均低于土壤中原有的溶液浓度，因此，可以使土壤溶液的浓度降低。在含碱性盐类的水入渗土体过程中，除增加土壤的总盐量外，同时还产生与原有土壤溶液中和土壤颗粒上离子的吸附，以及解析及离子交换作用，从而对土壤性质发生影响。例如，利用碱性低矿化水进行灌溉，由于灌溉水中残余碳酸钠的作用，使土壤中累积苏打，土壤溶液中钠离子的含量增加，因而促使钠离子进入土壤吸收性复合体，土壤交换性钠的数量增加，表层土壤碱化度倍增，甚至可高达80%以上，导致土壤明显发生碱化。

37. 冻融条件下的水盐运移过程是什么?

这些地区土壤水盐的变化与冻融关系十分密切,土壤从3月底或4月初开始化冻,直至6月上旬才化冻,部分地区要到7月底或8月上旬才能全部化冻。在这些地区,除存在春季返浆期强烈积盐和秋季返盐两个积盐周期外,还存在伴随结冻过程而同步发生的土盐碱化过程。它与因地面强烈蒸发而引起的现代积盐过程有所区别,特别是在春季积盐期,土壤盐碱化的发生不完全与当时的地下水位直接相联系,而是受冻层以上土壤中冻融滞水的直接影响。应当指出,冻融期土壤盐碱化不受地下水的直接影响,并不是说该地区地下水和土壤盐碱化没有任何联系,主要是指土壤冻融期间,土壤表层盐分的累积不直接取决于当时的地下水状况。研究表明,在冻结期,冻层水和地下水仍存在着一定的力学联系,当上层土壤冻结后,则冻土层和其下较湿润、温暖的土层之间,出现了温度和湿度梯度差,而导致产生水分的热毛管运动。底层的土壤水和地下水则向冻土层积聚,地下水位也随之缓慢下降。显然,在含盐地下水的热毛管运动过程中,隐蔽性的积盐过程即已开始。但是,在冻土层尚未完全化冻之前,伴随土壤返浆现象,地表就出现明显的盐碱化,并随气温日益回升,在地表强烈蒸发影响下,导致爆发性的盐分累积。在半湿润、半干旱和干旱区的温带至亚寒温带地区,包括我国华北、西北及东北多数平原地区,冻土深度可达$0.5 \sim 1.2\,m$,冻土存在历时$4 \sim 8$个月之久,在土壤冻融过程中,土壤水盐在剖面中重新分配,对土壤水盐动态产生明显的影响。

(1) 土壤冻融过程中水盐动态机制 土壤冻融过程中的土壤水分运动,主要是在温度梯度的影响下产生的,因而有其特殊的规律性,可将冻融期的水分运动划分为两个时段。

① 冻结期。在表土温度低于0℃时,表土开始冻结,此时表土温度明显低于心底土,在产生温度梯度的情况下,水分向冻层方向移动,因冻胀的影响,土壤孔隙体积增加,水分不断向孔隙中运动冻结,可使冻层含水量达到过饱和状态,含水率可达40%~

60%（重量含水率）。冻结期土壤剖面可分为冻结层、似冻层和非冻层三个部分。冻层表面在冻结期仍然有水分蒸发（升华现象），因此表层含水量较低，冻结层内土壤温度始终处于 0 ℃以下，据内蒙古灌区的观测，土壤含水量大多高于 30%，含水量最高位置为 40～70 cm，达 40%以上；似冻层土壤温度 0 ℃左右，厚度一般 20～30 cm，其位置随冻层厚度的增加而不断下移，在土壤冻结过程中，该层中的水分不断向冻层补给，故含水量较低，一般为 25%～30%；非冻层中的含水率为 28%～33%，在有地下水补给的情况下，土壤含水量分布在冻土层、非冻土层及似冻层。

② 消融期。冻层的消融是在冻层的上下同时进行的，处于中间的未解冻土层起了隔水作用，由于表土水分蒸发，上部消融层的土壤水分向上运动消耗于蒸发，土壤含水量逐渐减小，下部消融层内土壤水分则向下渗流补给地下水。

（2）冻融过程中土壤剖面中的盐分运移

① 冻结期。冻结过程中随着水分向冻层中聚集，冻层以下土层中及地下水中的盐分可在冻层中累积，整个冻层的土壤含盐量明显增加。

② 消融期。随着上部消融土层中的水分向表土运动和蒸发，冻结期间累积于该土层中的盐分，也随之迅速向表土累积，使表土含盐量急剧增加，盐分主要集中于 0～10 cm 土层中（即常见的返浆返盐现象）；而下部消融层中的盐分，则随着消融水的下渗，向下部土层或地下水中移动。

（3）影响冻融过程土壤水盐动态的主要因素

① 气温的影响。气温的变化对土壤冻融起决定性作用。

② 地下水位埋深的影响。冻层中所累积的水分，部分来自下层土体，在地下水位埋深较小的情况下，则其大部分由地下水补给，因此，地下水位的埋深与冻层中含水量的增加有直接的影响。

③ 土壤质地的影响。由于不同质地土壤的孔隙状况不同，土壤剖面中的水分运行速度及流量不同，在冻结过程中，下层土体及地下水中的盐分向上移动的数量产生差异。

38. 土壤水盐运移的影响因素有哪些?

土壤水盐运移的过程与环境紧密相关，在众多环境因素中，又以气候、地形、地质、水文和水文地质及土壤质地的影响最为显著。

(1) 在气候要素中，又以降水和地面蒸发强度与土壤水盐运移的关系最为密切，降水量和蒸发量的比值反映了一个地区的干湿情况，同时，它也反映该地区的土壤水分状况、土壤水盐运移的过程及土壤积盐情况。季风对土壤水盐运移有其特殊的规律，即土壤盐分随季节而变化（春季积盐期，夏季脱盐期，秋季回升期，冬季潜伏期）。在我国寒温带干旱和半干旱地区，土壤水盐运移与冻融关系十分密切，在这些地区除存在春季返浆期强烈积盐和秋季返盐两个积盐期外，还存在伴随土壤结冻过程而发生的土壤盐碱化过程。

(2) 地形地貌也是影响土壤水盐运移的重要因素之一，地形高低起伏和物质组成的不同，直接影响到地面和地下径流的运动，进而影响到土体中盐分的运移。岩石风化所形成的盐类，以水作载体，在沿地形的坡向流动过程中，其移动变化基本上服从于化学作用的规律，按溶解度的大小，从山麓到平原直至滨海低地或闭流盆地的水盐汇集终端，呈有规则的分布。溶解度小的钙、镁碳酸盐和重碳酸盐类首先沉积，溶解度大的氯化物和硝酸盐类可以移动较远的距离。地表水和地下水的矿化度也随之逐渐增高，土壤盐碱化也从高到低，从上游到下游呈现出相应的变化。从大、中地形来看，土壤盐分的累积，表现为从高处向低处逐渐加重。各种负构造地形，常常是水盐汇集区。但是，在一个大区域范围内，由于内外营力作用而引起的地表形态的差异，又常常造成水热状况不同，并导致水盐的重新分配。

(3) 水文及水文地质条件与土壤水盐运移也有十分密切的关系，特别是地表径流、地下径流的运动规律和水化学特性，对土壤水盐运移有重要作用。例如河水泛滥使土壤中的水盐含量发生变化，河水通过渗漏补给地下水，增加了地下水的矿化度，这些都会影响土壤水盐运移。土壤的质地、结构和土壤剖面构型也会导致土壤水盐运移有明显的差异。

（4）除上述自然环境对土壤水盐运移的影响外，还有人类农业活动对土壤水盐动态的影响。土壤一旦被人类开发利用，人的活动对土壤形成过程产生巨大影响，可以改变成土条件和土壤基本特性，从而导致土壤水盐运移发生新的变化。一般情况有以下三个方面的影响。

① 渠灌沟排对水盐运移的影响。利用渠系引水灌溉，将灌区外的大量水盐引入灌区，破坏了原有灌区的水盐平衡。由于渠系引水导致的不良水盐运移，又通过排水沟网控制地下水位，防止由于灌溉而引起的地下水位升高，减少地下水的蒸发，从而减弱土壤水盐的向上运动。

② 利用竖井灌排对水盐运移进行管理。竖井抽地下水可以形成较大的水位降深，不但有利于灌溉淋盐和减少地下水蒸发，而且在雨季中可以增加降雨的淋盐作用。

③ 土壤耕层熟化和植物覆盖对水盐运移的影响。

39. 滴灌土壤水盐运移过程及影响因素有哪些？

研究滴灌土壤水肥运动规律是正确设计滴灌系统和高效管理田间作物水肥的前提和基石。滴灌水分由滴头直接滴入作物根部附近的土壤，在作物根区形成一个椭球形或者球形湿润体。虽然灌水次数多，但湿润的作物根区土壤，湿润深度较浅，而作物行间土壤保持干燥，形成了一个明显干湿界面特征，滴灌条件下作物根区表层（0～30 cm）土壤含水量较高，与沟灌相比，大量有效水集中在根部。土壤中盐分的运移一般包括以下两个重要过程：一是在滴头灌水时，土壤盐分随入渗水流向四周迁移的过程。在滴灌过程中，盐分随着灌溉水被带到湿润区边缘，距滴头较近的区域土壤含盐量低于土壤初始含盐量，而较远的区域土壤含盐量高于土壤初始含盐量。由于滴头向土壤供水是一个点源空间三维的入渗问题，因此土壤盐分也将在水分的携带下，沿点源的径向不断向四周迁移。另一是滴头停止灌水后，地表不再有积水下渗，此时土壤水分主要是在土壤势梯度以及在植物蒸腾和土面蒸发作用下进行再分布，则盐分也将随着水分的再分布而迁移。在滴灌过程中，盐分随着灌溉水被带到湿润区边缘，距滴头较近的区域土壤含盐量低于土壤初始含盐量，而较远的区域土壤含盐量高于土壤初始含盐量。因此，可将滴灌入渗过程中土壤含盐量低于土壤初始含盐量的区域称之为脱盐区，而将土壤含盐量高于土壤初始含盐量的区域称之为积盐区。滴灌所形成的脱盐区又可分为两个子区：一是作物可以正常生长的淡化区，可称为达标脱盐区；二是超出作物耐盐度（例如，棉花耐盐度为 5 g/kg）的淡化区，可称之为未达标脱盐区。这样在一次滴灌灌水后，从土壤盐分重新分布后的盐分状况与作物生长的关系来看，土壤盐分的分布状况可划成三个区，即达标脱盐区、未达标脱盐区及积盐区。

许多研究者通过试验或模拟得出，灌水结束时浸润土体的形状取决于土壤特性、滴头流量、土壤初始含水率、灌水量、滴头间距等。

① 土壤特性。在相同滴头流量和灌水量条件下，随着土壤黏性的增加，湿润体的几何尺寸逐渐变小。重壤土湿润体宽而浅，沙壤土湿润体窄而深，而且湿润体内含水率分布不相同。土壤种类不同，湿润锋水平和垂直运移过程的变化相反。随土壤黏性的增加湿润锋水平运移距离依次增加，而垂直运移距离则减小。滴头流量和灌水量相同时，偏沙性土壤水平方向湿润距离小于垂直方向湿润距离；质地较细的土壤水平方向和垂直方向湿润距离接近。

② 滴头流量。相同质地的土壤，灌水量相同时，垂直方向湿润距离随着滴头流量的增加而减小，而水平方向湿润距离则随之增加；滴头流量不仅会影响地表径流问题，也会影响湿润面积，在灌水量一定的情况下，湿润面积的大小又会影响到湿润深度。

③ 土壤初始含水率。初始含水率越大，土壤的基质势就越大，土壤吸力越小，所产生的基质势梯度也越小，土壤水分运动也越慢。同一种土壤，相同灌水量下，土壤初始含水率越大，湿润体的

平均含水量越大。相同入渗时段内，湿润锋水平运移距离随土壤初始含水率的增大而减小，垂直运移距离随土壤初始含水率的增大而增大。由于田间作物不同生育期阶段要求的土壤适宜含水率不同，滴灌时土壤初始含水率也不同。土壤盐分随着土壤水分的运动而迁移，由于地表积水范围的影响，使得土壤水分的水平运动速率大于垂直运动速率，因而导致了土壤盐分水平迁移速率大于垂直迁移速率。

④ 滴头间距。滴头流量和间距与点源湿润区之间的土壤吸力有关；在沙土上滴头间距应小些或者加大滴头流量。大田滴灌的滴头间距一般较小，使滴头下方的湿润区相连，形成一条沿着滴灌管方向的湿润带，即线源滴灌。它与点源滴灌不同，点源滴灌形成的土壤湿润锋之间不相连、不相互影响，所以不存在土壤湿润均匀度问题。但是在线源条件下，相邻滴头所形成的湿润锋存在交汇问题，土壤湿润区的相互连接形成了湿润带的均匀度问题。

⑤ 灌水量。有学者认为点源滴灌湿润体水平扩散半径和垂直入渗距离随着入渗时间的增大而增大，在地表积水条件下，相同灌水量所对应的湿润体与滴头流量没有明显的关系，湿润体只受灌水量的影响。有学者认为同一种土壤，在相同滴头流量下，随着灌水量的增加，湿润锋水平、垂直运动距离均在不断增大。随着灌水量的增大，重壤土湿润体初期水平扩散速度大于垂直扩散速度。不同灌水量下，点源入渗湿润锋水平、垂直运移距离与入渗时间具有良好的幂函数关系。

40. 土壤溶质运移模式是什么？

土壤溶质运移是指溶于土壤水中的溶质在土壤中运移的过程、规律和机理。土壤的三相物质，即固相、液相和气相，在自然条件和人为影响下不断发生着相互变化和作用。土壤中的液相部分不是纯水，而是含有各种无机、有机溶质的溶液，这些物质在土壤中的运移状况不仅与土壤水的流动有关，而且与溶质的性质及在随水移动过程中所发生的物理、化学和生物化学过程有密切关系。

（1）溶质运移的物理过程　土壤溶液中溶质不但在组成和形态处于一个永恒的变化中，而且它还无时无刻不在运动中。土壤水（溶液）受到自然和人为环境因子的作用，如降雨、灌溉、气温、风速和植物根系吸收等影响而在土壤中不断地进行着入渗、渗漏蒸发、再分布等运动过程，从而使溶质也随着不断运动。再者，溶质的运移还受本身性质、浓度梯度、土壤中其他化学物质和土壤基质的影响，而不断地进行着吸附、交换、溶解、沉淀、氧化还原、生物化学等化学的或物理化学的过程，这就使土壤溶质的运动更为复杂和更加难以定量描述。但是任何复杂事物的运动都具有自身的规律和机制，溶质运动也是如此，它遵循一定的物理和化学的基本原理。溶质运动的物理过程可以描述为混合置换（miscible displacement）的过程，其定义是指一种流体与另一种流体混合和置换的过程。在多孔介质如土壤中，即为一种与土壤溶液的组成或浓度不同的溶液进入土壤后，与土壤溶液进行混合和置换的过程。最易理解的例子就是土壤盐分淋洗过程和含有溶解的肥料和农药的水通过土壤所发生的过程。混合置换现象实际是溶质运移各种过程的综合表现形式，是对流、弥散（分子扩散，机械弥散）等物理过程和吸附、交换等物理化学过程综合作用的结果。

（2）溶质运移的化学过程　以土壤溶液为中心的土壤各相之间可能发生的各种化学过程，其中频繁发生的是水解、络合过程、溶质与固相的吸附、解析和离子交换过程、溶解和沉淀过程、氧化和还原过程及各种生物化学过程。

① 吸附与交换过程在土壤中是两种既有不同概念，又有相互联系的物理化学过程，按物理化学的定义，溶质在溶剂中呈不均一的分布状态，当液体界面层（即固液界面）的浓度与溶液内部浓度不同时，称为吸附作用。如表面浓度富集，称为正吸附；当表面浓度低于溶液内部浓度时，称为负吸附。吸附过程总是伴随表面自由能的降低直至最小值，在涉及离子吸附时，土壤化学中的离子吸附是土壤溶液界面由于胶体电性产生的双电层部分与自由溶液中离子的浓度差。所以，吸附是指土壤固相与溶液中的分子和离子的关

系。离子交换反应是指另一种离子取代已被吸附的离子时，两种离子之间的相互关系，在取代中，同时发生着一种离子被吸附和另一种离子被解吸的过程。

② 水解和络合过程。水解过程就是溶液中的水合物或水合离子失去质子的过程。金属离子与电子给予体以配位键方式结合而成的化合物就称为络合物，这个过程就是络合过程。

③ 溶解和沉淀过程。土壤溶液中化学物质与土壤矿物质之间的溶解和沉淀遵循着化学平衡原理。

④ 氧化还原过程。

⑤ 生物化学过程。土壤中许多化学反应都离不开微生物的作用，尤其是土壤中有机质的分解和氮素转化过程。

41. 土壤盐碱化监测预报的方法有哪些?

防止灌区次生盐碱化是干旱地区发展灌溉农业中的一个十分重要的任务。监测土壤盐碱化动态，掌握盐碱化土壤的分布规律，探索盐碱化的发生发展机理，总结土壤盐碱化的研究方法，对干旱区农业生产活动和生态安全稳定具有重要意义。

目前土壤盐碱化监测方法主要有以下两类。

(1) 土壤盐碱化监测的传统方法

① 野外调查与实验。通过野外调查，实地取样获取土壤盐碱化的直观信息，提供可靠的数据支持。样本取样的方法有纯随机取样、分层取样、整体取样和网格取样等。野外样本采集的布点是整个土壤监测过程的重要环节。样点必须比较均匀地分布在全工作区域内，划分出若干较为典型的采样区域，能包含各类景观，具有代表性。

② 田间观测和数值模拟。将田间观测和数值模拟相结合，对选取的具有盐碱化表征的试验田进行连续数年的监测和预报。监测系统包括地下水动态、土壤含盐量和含水量、降水量和蒸散量的时空分布以及灌水量等参数。通过现场多年的田间观测，可以非常精确地掌握试验田的水盐动态。

(2) 计算机信息技术在区域土壤盐碱化监测的应用 主要是指以 RS 为手段，结合 GIS 对盐碱化的信息提取与管理、监测与预报方面进行研究。盐碱土研究常用的遥感数据有：Terra，MSS，TM，ETM$^+$，Quick bird，ASTER，SPOT，RADARSAT 和 IRS 等卫星遥感数据及 HyMap，AME 等高光谱数据。利用遥感数据监测土壤盐碱化空间分布特征，其与盐碱土及耐盐植被的光谱特征密切相关。盐碱土的直接属性和间接的信息，如植被、土壤质地、颜色、纹理、地形、地下水等要素均可以被利用，通过目视解译和数字图像处理的方法来定性定量解译有关土壤盐碱化信息。

根据对土壤水盐运动机理研究的深度不同，盐碱化预测可以分为三个层次：通过对自然环境条件及土壤盐碱化发展规律研究进行定性预报（地理相似法和专家预报法）；结合水盐均衡、概率统计及成因分析等方法研究，进行半定量预报（区域水盐均衡法和概率统计法）；在区域水盐运移动态研究的基础上，建立数学模型，对土壤盐碱化进行定量预报（区域水盐模型法和遥感技术方法）。

(1) 地理相似法 通过与预报地区环境条件相似的已盐碱化的地区情况进行对比预报。需要考虑的因素主要有自然特征（气象、水文条件、地形、地貌、水文地质、土壤状况、地球化学等）和人为因素（土壤利用情况、农业技术、改良措施、水利措施）。

(2) 专家预报法 请有经验的专家根据当地的自然条件特点进行盐碱化可能性的预估，而预测的准确性直接取决于专家的经验。

(3) 区域水盐均衡法 以质量守恒为理论依据，以动态平衡的观点和原理，对某一地区、某一时间的水盐在数量上进行盈亏分析，以探求其水盐发展过程，分析各因素的作用，评价改良效果，以及对发展趋势做出判断和预测。

(4) 概率统计法 这是一种应用概率统计的基本原理来进行土壤水盐动态预报的方法，是一种"概率对应"或"一多对应"的描述。预测值并不是预测个体的数值，而是群体的数学期望值。具体方法途径很多：回归分析、方差分析主要用于水盐状况与各影响因素之间关系分析；时间序列分析则是就土壤水盐动态的时间序列资料建立时间序列模型。

(5) **区域水盐模型法** 这是一种强调物理因果关系的推断方法。它是基于土壤过程动力学方程之上，用微分方程描述，并外推预测，是一种确定性的方法，也是一种"一一对应"的描述。这个方法通过土壤过程的数学模型模拟和计算机仿真来预报水盐动态及其改良措施。该方法可以应用于任何自然条件，能计算土壤盐分和水分随时间和空间的变化。为了定量研究土壤水盐动态变化过程，就必须建立数值模型。

(6) **遥感技术方法** 随着遥感技术的发展，利用现代化的空间遥感技术，获取大面积与土壤水盐动态相关的信息，通过建立遥感信息与地面观测资料相关对应关系的模型，来预报土壤水盐动态和旱涝灾情。

第三章　水利工程改良盐碱土技术

42. 什么是渠道防渗?

引水工程是近年来水利事业的新方向，但是如果不合理引水可能提升地下水位，尤其是引水渠周边的地下水位提升，可能造成大面积的盐碱化发生。渠道防渗是减少渠道输水渗漏损失的工程措施。不仅能节约灌溉用水，而且能控制地下水位，防止土壤次生盐碱化；防止渠道的冲淤和坍塌，加快流速提高输水能力，减小渠道断面和建筑物尺寸；节省占地，减少工程费用和维修管理费用等。农田灌溉渠道防渗的过程中，主要有两种显著的方法，一种是加强渠道防渗的管理力度，另一种是做好工程措施的合理控制。当前农田灌溉渠道防渗的过程中，通过将灌溉管理加强，并做好计划用水的合理控制，对水量进行合理的调配，并做好轮灌的组织安排，进而对不合理的渠系布置进行改善，将田间工程配套布置好。农田灌溉渠道防渗的过程中，往往有着多种防渗方法，不同的防渗方法往往有着各自的优缺点。

渠道防渗方法可分两类：① 改变原渠床土壤渗透性能，又可分为物理机械法和化学法。前者是通过减少土壤空隙达到减少渗漏的目的，可用压实、淤淀、抹光等方法；后者是掺入化学材料以增强渠床土壤的不透水性。② 设置防渗层，即进行渠道衬砌，可用混凝土和钢筋混凝土、塑料薄膜、砌石、砌砖、沥青、三合土、水泥土和黏土等各种不同材料衬砌渠床。

总之，规划好、设计好、建设好渠道防渗工程可以有效地提高渠系水利利用系数，充分发挥现有工程的效益，防止土壤盐碱化及沼泽化，更有效地防止渠道冲刷、淤积及坍塌。

43. 水利工程改良盐碱土的方法有哪些?

"盐随水来,盐随水去"是盐水的运动规律,作物受渍、土壤返盐都与地下水的活动有关,耕层盐分的增减与高矿化度的地下水密不可分。因此水利工程措施是防治盐碱土首要的必不可少的先决措施。目前改良盐碱土经常用到的水利工程措施如下。

(1) 排水措施 通过开沟等途径不仅可以将灌溉淋洗的水盐排走,而且可以降低地下水的水位,防止或消除盐分在土壤表层的重新累积。

(2) 竖井排灌 抽取地下水用于灌溉,降低地下水位,从而使土壤逐渐脱盐。

(3) 喷灌洗盐 通过模拟人工降雨的方式,将土壤中 Na^+、Cl^- 等有害的离子淋洗掉。

(4) 放淤压盐 不仅可利用河水淋洗掉部分土壤表层盐分,还能够加入不含盐分的泥沙,相对降低土壤的含盐量。

(5) 合理灌溉 这是防止盐碱化的根本措施,包括田间工程配套、田面平整、防止渠系渗漏三个方面:①田间工程配套主要指灌排配套、渠闸配套、渠系配套。② 田面平整决定了浇地的质量,田块大小的划分,应以水源、盐碱化程度和耕作条件而定。③ 防止渠系渗漏,主要是防止渠道跑水、漏水。总体上讲,水利工程措施改良盐碱土是根据水盐运动的特点,通过建设相关水利设施以淋水、灌水、排水等方式进行盐碱地的洗盐、排盐过程,以达到盐碱改良的目的。

44. 排水工程措施有哪些?

排水的任务是降低过高地下水位,排出土壤中过量的对植物生长有害的水及盐分,加速地下水位的回落过程及脱盐过程,把地下水位控制在某一适宜的深度,保持对植物良好的水分供应条件和植物生长必需的供氧条件,且不产生养分的流失,保护生态环境不受破坏,防止土壤返盐。

排水方式一般有水平排水和垂直排水两种。

(1) 水平排水 分为暗管排水和明沟排水。

① 暗管排水。将带有孔隙的管道铺设于地下一定深度（地下水位以上或以下），待灌溉或降雨后汇入管道的水或直接汇入到管道中的地下水，通过管道排出土地，带走盐分，起到改良盐碱地的目的。

② 明沟排水。通过在大田中每隔一定距离挖取一定深度的沟渠来起到排出土体盐分，改良盐碱地的目的。明沟排水速度快、排水效果好，但工程量大、占地面积大、沟坡易坍塌且不利于交通和机械化耕作。暗管排水通过滤水管渗流来排除地下水，能迅速降低地下水位，大量排除矿质化潜水，加速地下水淡化，促使土壤脱盐且排水性能稳定、适应性强，促进作物稳产高产，是开发治理滨海低洼易涝地区行之有效的技术措施。

(2) 垂直排水 主要措施为竖井排盐，通过在黏土夹层中凿孔换沙的方法建立排水孔，修建排水沙孔后，灌溉水或者自然降水的入渗形成地下水流运动的一个源项，类似于单井的水流运动，在水的入渗作用下，土壤盐分被溶解进入地下水，达到了排盐的目的。进行竖井排盐一般要配合进行竖直冲洗压盐措施，竖井排水降低地下水位幅度大，控制地下水埋深稳定，土壤脱盐效果好。

45. 什么是渠灌沟排技术？

渠灌沟排是指利用渠系从灌区外向灌区内引入大量的水进行灌溉，然后利用排水沟将农田多余的水排泄至排水容泄区，这种通过渠系引水灌溉和排水沟排盐的方法统称为渠灌沟排技术。渠灌沟排包括渠灌和沟排两部分。

(1) 渠灌 指利用灌溉渠道将灌区外的水引入灌区内进行灌溉的过程，灌溉渠道是连接灌溉水源和灌溉土地的水道，把从水源引取的水量输送和分配到灌区的各个部分。在一个灌区范围内，按控制面积的大小把灌溉渠道分为干渠、支渠、斗渠、农渠、毛渠 5 级。地形复杂、面积很大的灌区还可增设总干、分干、分支、分斗等多级渠道。灌溉渠道可分为明渠和暗渠两类：明渠修建在地面上，具有自由水面；暗渠为四周封闭的地下水道，可以是有压水流或无压水流，本节主要讨论的是明渠灌溉。

（2）沟排 也称水平排水，通过排水沟将地表水或者地下水排至排水容泄区，对维持灌溉地区的水盐平衡起重要作用。排水系统是将水从水源通过各级灌溉渠道（管道）和建筑物输送到田间，并通过各级排水沟道排除田间多余水量的农田水利设施。排水沟道一般应同灌溉渠系配套，也可分为干渠、支渠、斗渠、农渠、毛渠5级，或总干沟、分干沟、分支沟等。主要作用是排除因降雨过多而形成的地面径流，或排除农田积水和表层土壤的多余水分，以降低地下水位，排除含盐地下水及灌区退水。对于主要排水沟道要防止坍塌、清淤除草、确保畅通。容泄区作用是承纳排水系统的来水，一般指河流或湖泊。滨海地区也可以海洋作为容泄区，我国西北从内陆河引水的灌区，其容泄区常是低洼荒地。容泄区要有足够的输水能力和容量，平时应保持较低的水位，以便于自流排水。在地形、水位等条件不能自流排水时，应建立泵站进行抽排。

46. 渠灌沟排条件下的土壤水盐运移过程是什么样？

土壤水分和盐分是土壤中非常重要的两大特性，均存在明显的空间异质性，同时也是土壤学领域的研究重点对象。土壤水是土壤重要的液相组成部分，是植物生长所需水分的主要补给源，也是植物吸收养分的主要渠道。土壤水还参与了土壤中许多重要的物理、化学和生物过程。所以，土壤水的运动和变化，不但影响植物生长，也影响土壤中各种物质和能量的运动过程。在农田渠灌沟排条件下，土壤中发生的各种物理、化学和生物过程尤为复杂。渠灌沟排条件下的土壤水盐运移过程包括灌溉和排水两个过程。

（1）在灌溉过程中，灌溉水对土壤水盐动态产生了三个方面的影响

① 灌溉水促进农田积盐。我国尤其是干旱半干旱地区，大部分灌区由于排水中所带走的盐分小于自灌区引入的盐分。灌区所控

制范围内仍处于积盐状态。灌溉水所带来的盐分，一部分将随灌溉水的渗漏进入深层，导致土壤和地下水含水层矿化度的增加，一部分随地下水径流排向排泄区。

② 灌溉入渗对土壤的淋盐作用。淋洗脱盐过程盐峰变化的三个阶段：盐峰的产生、盐峰的下移及盐峰的消失。当灌溉水大于本身带来的盐分时候，大定额灌水竖直压盐改良过程中盐分逐渐向下层运移，耕作层土壤脱盐明显，平均脱盐率在70%以上；土壤含水率越大，被淋洗掉的盐分就越多；土壤初始含盐量越大，相同入渗历时内的累积入渗量越小，相同累积入渗量下的入渗历时越长。

③ 灌溉渗漏水补给土壤水及地下水，抬高地下水位，增强土壤水盐的向上运动。灌溉渗漏水虽然可以起到淋洗土壤盐分的作用，但是渗漏水抬升了地下水位，增加了土壤水向上运行的速度及流量，强化地下水的蒸发，使下层土体和地下水中的盐分向上累积的数量增加。如果这一作用强于淋盐作用，就有可能产生土壤次生盐碱化。

（2）沟排对土壤水盐动态的影响　在灌溉地区，明沟一方面排除灌溉及降水形成的地面径流和入渗水，起到平衡灌区水盐的作用；另一方面利用排水沟网控制地下水位，防止因为灌溉引起的地下水位升高，减少地下水蒸发，从而减弱土壤水盐的向上运动，降低盐分向表土的累积。距排水沟近的区域脱盐率高、脱盐层厚，距排水沟较远的区域则脱盐率低、脱盐层浅，因为脱盐率一般在沟距的一半处最小，形成一谷值点。结合洗盐期间地下水位动态变化过程在排水沟沟距的一半处运用水盐运移数学模型对灌溉冲洗水入渗条件下土壤中水分和盐分运移进行了模拟，在距离排水沟 60～80 m 时土壤剖面盐分运移动态的模拟值与实测值的趋势一致，并且模拟值与实测值之间的差异不大。

47. 什么是暗管排盐技术？

暗管排水排盐技术是根据"盐随水来，盐随水去"的水盐运移规律，在田间一定深度埋设渗水暗管，上层下渗的水分或下层上升的水分进入暗管通过自流或强排排出田间，从而带走盐分改良盐碱地的一项技术。暗管排水排盐技术一方面利用自然降水或者引水灌溉对土壤中的盐分进行淋洗，土壤中的盐分溶于水中并随水下移，最终渗入暗管随水排出土体从而起到淋盐洗盐、降低土壤含盐量的作用；另一方面通过暗管排水降低地下水位，从而抑制高矿化度地下水因毛细作用上升而造成土壤返盐，减轻土壤次生盐碱化，达到盐碱地治理的目的。目前国内外将暗管排盐技术作为治理土壤盐碱化和防止土壤次生盐碱化的一项重要举措，实施暗管排盐工程应综合考虑水文地质、土壤理化性质、植被类型、气象条件等因素，其核心是如何将排水暗管按照一定的管径、间距、坡降精确地铺设到地表下。因地制宜、就地取材是我国暗管排水管材选择的最初原则，如浆砌石管、瓦管、水泥砂管、竹管、砂质滤水管、稻壳；目前主要采用的是聚氯乙烯波纹管（PVC波纹管）。暗管排盐技术发展到现在，暗管埋设技术已经比较成熟，目前暗管铺设采用荷兰生产的开沟埋管机，能够实现开沟、埋管、裹砂、覆土一次完成并达到1.5～2 m的设计深度；暗管铺设的比降可通过激光制导仪自动控制，使暗管达到要求的坡度，以利于地下水的排出。在埋管的同时，将沙滤料包在暗管的周围一起埋入地下。暗管铺设过程具有较高的自动化程度、施工精度和生产效率。暗管排盐技术对盐碱地改良的良好效果以及暗管排盐技术机械化和自动化的实现，为暗管排盐技术的大面积推广和盐碱地改良奠定了良好的基础，为解决我国盐碱障碍性土壤的利用提供了强有力的手段，将有利于解决我国耕地资源越来越紧缺的现状。

48. 什么是竖井排灌改良技术？

竖井排灌是继水平明沟排水（盐）之后，于20世纪70～80年代伴随着地下水大量开发，在西北干旱地区发展起来的一种集灌溉与排盐于一体的水利措施。通过抽取地下水灌溉农田，进而不断降低地下水位，直至中断盐分经潜水蒸发聚集到土壤表层。这种方法既减少了潜水蒸发量和农田排水，使水资源得到充分利用，同时又改良了土壤盐碱化。竖井排灌改良技术是指在盐碱地上开凿至承压含水层中的竖井，通过抽取地下水灌溉农田，控制和降低地下水位，防止土壤返盐，同时腾出地下"库容"，配合降雨及灌溉入渗淡水的补给，逐渐淋洗土壤盐分，建立潜水淡化水层，削弱地表积盐强度，从而提高改土效果的技术。竖井深度一般较大，都穿过潜水含水层底板，一般深度大于 50 m，最大有效控制范围一般在 300~500 m，主要抽取承压水，也有部分抽取潜水。由于开采量大，开采期承压水水头均低于潜水位，潜水向承压水反越流补给，盐分随水由上而下运移。受承压水含水层顶板的阻隔及溶滤作用，盐分在承压水含水层顶板（潜水含水层底板）处积聚。水盐运移是高矿化的潜水自上而下运移，从而使潜水逐步淡化，土壤逐步脱盐。竖井排灌适合于在封闭半封闭区蒸发量大的冲洪积平原带，上层土壤盐碱化，地下水位高，地下水径流缓慢，在潜水层下有较厚的承压含水层且承压含水层中的水矿化度不高，潜水与承压水有较好的水力联系。竖井排灌工程的实施，将有效地降低地下水位，控制地下水蒸发量，缓解土地次生盐碱化问题，使部分因地下水位浅、次生盐碱化严重的土地得以重新开发利用，避免因弃耕而造成的土地沙化，起到改善环境的作用。竖井排灌措施是改良盐碱地的一条有效途径，在土壤盐碱化日趋严重，明渠排水、灌渠防渗、定额灌溉改良措施作用不明显的情况下，竖井排灌在解决上述生态环境问题中将会发挥越来越大的作用。

49. 竖井排灌对土壤水盐动态的影响有哪些?

排水的形式多种多样。在地下水位高且无承压现象、含水层基本均质、出水条件好的地区宜采用竖井提水的排水方式，即通常所说的"井灌井排"。为保持受水区盐分的收支平衡，改善生态环境，应及时排出一定量的盐分。可溶盐分以水流为运动载体，受土壤毛管力驱动作用，从高处向低处、从上游向下游运移。在运移过程中，盐的浓度由于水分蒸发而逐渐增加，溶解度低的成分逐步从地下水中沉淀析出并留在土壤表层，溶解度高的成分逐渐占优势，在地势低洼、排水不畅的区域，那些溶解度高、危害作用强的盐分积累增多。基于这一规律，可把一个水文地质单元的地下水流场看作稳态流场，如在下游径流滞缓带采取竖井排水措施，则能同时提高地下径流和壤中流的流速，增加排出可溶盐量，最终取得灌区盐分平衡或负平衡的效果。

竖井排水对降低地下水位和防止土壤返盐均有明显的效果。由于开采量大，开采期承压水水头均低于潜水位，潜水向承压水反越流补给，盐分随水由上而下运移。受承压水含水层顶板的阻隔及溶滤作用，盐分在承压水含水层顶板（潜水含水层底板）处积聚。水盐运移是高矿化的潜水自上而下运移，从而使潜水逐步淡化，土壤逐步脱盐。在竖井连续抽水的作用下，地下水位下降，形成一个以竖井为中心的降落漏斗。距井越近，地下水位下降幅度越大；距井越远，地下水位下降幅度就小。竖井排盐措施对土壤脱盐具有一定的作用，其脱盐效果以竖井为中心呈阶梯状分布，靠近竖井土壤脱盐效果明显，越远离竖井其脱盐效果越微弱。这项技术虽然具有节水抑盐、改良土壤的作用，但也改变了农田土壤水盐的运移路径及其积聚空间。采取竖井灌排措施后，灌区内地下水位下降很快，水平排水系统将失去作用，也就是说，盐分的水平运移过程将会中断，其去向只有一个，那就是在灌区内部沿垂直方向朝土壤深层运移。

竖井排水至少有以下几个方面的积极意义：① 增加灌溉供水总量，提高灌区水资源利用率；② 调控地下水位，增加降雨的入渗量，减少潜水蒸发；③ 流量模数小，可代替灌区深而密的明沟，以灌代排一般可少占地2%，提高土地利用率；④ 经灌溉入渗淡化高矿化度地下水，实现抽咸补淡，并腾空地下含水层库容，为土壤水盐的垂直和水平运移创造有利条件，加速盐碱土的改良速度；⑤ 只要抽出的咸水在输水渠中不结冰阻塞，竖井排水措施就不受时间限制。

50. 什么是喷灌洗盐技术？

喷灌洗盐是在盐碱地上喷水，使土壤湿润，溶解了的盐碱随重力水下渗到土壤深层。待土壤表层一定深度脱盐淡化后播种作物，随着给水的加大，土壤中的盐碱逐渐下移，作物根系也不断向下伸长，扎根在已脱盐的土壤中。作物覆盖地面后，又可防止因土壤蒸发而产生返盐。喷灌具有灌水均匀度高，灌水时间和灌水量可以高度控制，与地面灌溉相比，用水较少且能达到相同的淋洗效果等优势。同时，喷灌过程中喷洒器从空中将灌溉水均匀缓慢地洒到盐碱地，使土壤保持良好的结构和较高的入渗率，水在入渗过程中充分溶解土壤中的可溶性有害离子，并借助重力势和基质势作用将水排到作物根系层以下，从而有效改善土壤理化性状，为作物正常生长提供有利条件。喷灌水滴具有一定的动能，喷灌过程中水滴打击地面，使土壤结构发生变化，如果喷灌技术参数选择不合理，会影响土壤结构，严重时造成土壤表面封闭，形成结皮，土壤入渗速率下降，影响盐分淋洗效果。

（1）**土壤喷灌过程中湿润锋运移特征**　湿润锋运移起主导作用的是喷灌强度和土壤黏粒含量，喷灌强度越大，湿润锋运移越快；对于入渗能力较小的土壤，喷灌强度小虽然淋洗历时较长但更利于土壤水分的垂直运动。土壤黏粒含量越高，越不利于湿润锋运移。

（2）**喷灌强度对土壤水分再分布特征的影响**　水分进入土壤的过程随着喷灌停止的同时也结束了，但水分在土壤中的运动并未因此而停止，而是在重力势和基质势作用下，由土水势高的地方向土水势低的地方运移。盐碱地黏质重度盐碱土，随着喷灌强度增大，同一深度土壤体积含水率呈增大的趋势，当喷灌强度增大到一定强度，同一深度土壤体积含水率随着喷灌强度的增大而减小。随着水分再分布的推进，土壤各处的土水势逐渐趋于平衡。滨海盐碱地沙质重度盐碱土，具有较强的导水性能，随着土层深度增加，土壤体积含水率总体呈增加态势。

（3）**喷灌强度对土壤盐分分布特征的影响**　喷灌可以对土壤的盐分进行有效淋洗，不同土壤适宜的喷灌强度不同。对于黏质重度盐碱土，喷灌结束时，土壤淋洗盐分效果随着喷灌强度的增大而减弱；喷灌条件下，同一喷灌强度处理，沙质重度盐碱土淋洗效果优于黏质重度盐碱土。

喷灌洗盐就是将水盐运动规律颠倒过来，用喷灌加大"降水量"，使其大大地超过蒸发量，通过人工降水将土壤上层的积盐充分溶解，然后随重力水被带到土壤下层。喷灌洗盐的优势在于缓慢均匀地给水，既不产生地表径流，也不产生地下渗漏，相较于畦灌洗盐不会破坏土壤结构，使土壤保持疏松状态，不板结且脱盐均匀，地形高处也不会出现影响。

51. 什么是滴灌调盐技术？

盐碱地膜下滴灌之后，土壤盐分随土壤入渗水下渗向土层深处迁移，覆膜阻隔了土壤水分蒸发，抑制了土壤深处盐分的上移，为作物根系的生长发育创造了一个良好的水盐环境，这是作物生产的基础。滴灌土壤水盐运动规律的研究是正确设计滴灌系统和高效管理田间作物水盐的前提与基石。滴灌水分由滴头直接滴入作物根部附近的土壤，在作物根区形成一个椭球形或者球形湿润体。虽然灌水次数多，但湿润的作物根区土壤湿润深度较浅，而作物行间土壤保持干燥，形成了一个明显干湿界面特征；滴灌条件下作物根区表层（0～30 cm）土壤含水量较高，与沟灌相比，大量有效水集中在根部。由于滴灌随水施肥的特点，养分也集中分布在滴水形成的湿润体内，在土深 50 cm 以下养分含量显著降低。在盐碱地的滴灌条件下，土壤中盐分的运移一般包括以下两个重要过程：一是在滴头灌水时，土壤盐分随入渗水流向四周迁移。由于滴头向土壤供水是一个点源空间三维的入渗问题，因此土壤盐分也将在水分的携带下，沿点源的径向不断向四周迁移。这一过程表现为表土盐分的淋洗脱盐。二是滴头停止灌水后，地表不再有积水下渗，此时土壤水分主要是在土壤势梯度以及在植物蒸腾和土面蒸发作用下进行再分布，则盐分也将随着水分的再分布而迁移。一般情况下，在外界大气蒸发能力的影响下，土壤盐分多呈现为向表土的积盐过程。但由于覆膜种植阻断了土壤水分与大气之间的直接联系，改变了蒸发体（土壤）上边界的条件，从而起到了抑制土面蒸发的作用。这一作用不仅增加了作物对土壤水利用的有效性，起到了节水目的，而且也大大抑制和减缓了表土返盐的过程。

面对干旱区膜下滴灌条件下盐碱土壤改良利用新问题，传统明沟淹灌排水洗盐技术模式由于存在耗水量多、占用农田、管护费大等问题，已不适应膜下滴灌节水灌溉的新要求。资料显示，滴灌在湿润层盐分减少、外围形成盐壳，膜下滴灌流量和灌水量大小影响土壤水盐运移和再分布。大滴头流量水分水平扩散速率明显大于垂直入渗速率，滴灌结束后，膜下湿润区域土壤水盐淡化，滴头流量越大，湿润体交汇区土壤含水率越高，土壤盐分淋洗效果越好；小滴头流量交汇区土壤盐分淋洗效果较差，滴头间距越小，湿润体交汇区获得水量多，土壤盐分淋洗效果好，灌水量多，湿润体交汇区土壤含水率稍高，盐分淋洗效果明显。滴灌调盐技术不仅能适时适量地向作物进行供水，而且主要是淡化作物主根区的盐分，满足作物正常生长所需要的土壤水盐动态环境。所以，膜下滴灌开发利用盐碱地的主要技术要素不仅包括传统滴灌技术要素，同时还包括易于形成满足作物正常生长所需水肥环境的技术要素。

52.　滴灌水盐运移的影响因素有哪些？

土壤中的盐分以三种方式存在于土壤中：一是以溶解态存在土壤溶液中；二是以吸附态吸附在胶体颗粒上；三是以固态形式存在于土壤中。土壤水分是土壤盐分的载体，伴随着水分的入渗，水流可将盐分带入湿润锋边缘，使土壤盐分在三维空间内发生运移。土壤盐分随入渗水流向四周迁移的过程中，关于滴灌点源入渗湿润锋的研究有较长的历史，在以往的研究中，学者们考虑过各种土壤物理指标对湿润锋的影响。实际上，土壤物理指标对湿润锋的影响是综合性的，但关于多种因子对湿润锋运动的耦合影响的研究成果不多，有必要对这一问题进行深入研究，以掌握湿润锋运移规律。针对土壤容重、初始含水率、植株间距、滴头流量等指标对湿润锋的运动影响进行了试验研究，结果表明灌水结束时浸润土体形状取决于土壤特性、滴头流量、土壤初始含水率、灌水量、滴头间距等。

① 土壤特性。在相同滴头流量和灌水量条件下，随着土壤种类的不同（或土壤黏性的增加），湿润体的几何尺寸逐渐变小。重壤土湿润体宽而浅，沙壤土湿润体窄而深，而且湿润体内含水率分布不相同。因土壤种类不同，湿润锋水平和垂直运移过程的变化相反。随土壤黏性的增加，湿润锋水平运移距离依次增加，而垂直运移距离则减小。滴头流量和灌水量相同时，偏沙性土壤水平方向湿润距离小于垂直方向湿润距离；质地较细的土壤水平方向和垂直方向湿润距离接近。

② 滴头流量。相同质地的土壤，灌水量相同时，垂直方向湿润距离随着滴头流量的增加而减小，而水平方向湿润距离则随之增加；滴头流量不仅会影响地表径流问题，也会影响湿润面积，在灌水量一定的情况下，湿润面积的大小又会影响到湿润深度。

③ 土壤初始含水率。初始含水率越大，土壤的基质势就越大，土壤吸力越小，所产生的基质势梯度也越小，土壤水分运动也越慢。同一种土壤，相同灌水量下，土壤初始含水率越大，湿润体的平均含水量越大。相同入渗时段内，湿润锋水平运移距离随土壤初始含水率的增大而减小，垂直运移距离随土壤初始含水率的增大而增大。由于田间作物不同生育期阶段要求的土壤适宜含水率不同，滴灌时土壤初始含水率也不同。

④ 滴头间距。滴头流量和间距与点源湿润区之间土壤吸力有关；在沙土上滴头间距应小些或者加大滴头流量。大田滴灌的滴头间距一般较小，使滴头下方的湿润区相连，形成一条沿着滴灌管方向的湿润带，即线源滴灌。它与点源滴灌不同，点源滴灌形成的土壤湿润锋之间不相连、不相互影响，所以不存在土壤湿润均匀度问题。但是在线源条件下，相邻滴头所形成的湿润锋存在交汇问题，土壤湿润区的相互连接形成了湿润带的均匀度问题。

⑤ 灌水量。点源滴灌湿润体水平扩散半径和垂直入渗距离随着入渗时间的增大而增大，在地表积水条件下，相同灌水量所对应的湿润体与滴头流量没有明显的关系，湿润体只受灌水量的影响。同一种土壤，在相同滴头流量下，随着灌水量的增加，湿润锋水

平、垂直运动距离均在不断增大。随着灌水量的增大，重壤土湿润体初期水平扩散速度大于垂直扩散速度。不同灌水量下，点源入渗湿润锋水平、垂直运移距离与入渗时间具有良好的幂函数关系。

在灌溉管理措施方面，干旱区灌区存在许多问题，如水资源利用效率不高、灌溉方式不合理、长期使用大水漫灌和串灌的灌溉方式等；其次就是灌溉用水质量不达标，长期引用碱性大（pH＞7.5）、总盐量高（＞1.6 g/L）、钠化率高（＞60%）的河水灌溉，或长期引用浅水井的地下水灌溉，人为将盐分引至地表，使盐分在土壤表层快速积累，从而导致了灌区土壤次生盐碱化问题的发生。因此，在今后的应用研究中，应探求一种科学合理的灌溉方式，制定适合干旱区灌区的新的灌溉管理措施，使土壤盐碱化发展趋势得到遏制或缓解。

53. 什么是放淤压盐技术？

放淤压盐是指用含细颗粒泥沙的天然河流中含泥沙的水或山洪水进行灌溉，既浸润土壤又沉积泥沙，进行淤地改土或肥田浇灌，并使土壤中的盐分溶解、淋洗，通过排水系统排出灌区，以改造低洼易涝地或盐碱地的灌溉方法。

我国北方早在战国时期就已知滨河盐碱地的产生是河流侧渗抬高地下水位的结果，因而采取了一些比较有效的改良措施，包括开挖窄而深的农田排水沟以降低地下水位；放淤压盐压碱，用家畜粪肥以改善土质等。当时人们受河流决口泛滥淤泥肥沃田地事实的启发，在兴建灌溉工程时，就有意利用淤灌和放淤，以改良土壤。现在放淤压盐是利用黄河下游段的黄河水含有大量泥沙进行引黄淤灌，将需要淤灌的区域筑好畦埂和进、退水口等构筑物，通过渠道引入黄河水，利用断面扩大而减慢流速的办法使泥沙沉降下来淤地造田。该办法一方面利用黄河水洗盐，另一方面泥沙淤积抬高了地面，相应地加深了地下水位。黄河下游为地上河，河床高出地面，由于河水的侧渗补给地下水，背河尘地在汛期经常积水成涝逐年盐碱化。又加上取土筑堤，沿堤土地经常受到洪涝沙碱威胁，引黄淤灌充分利用水沙资源，变害为利，淤起了堤背，抬高了地面，巩固了提防，改造了盐碱地，起到了固堤、治碱、改土、增产的作用。

依土地状况，放淤主要有三种类型：一是白地放淤，二是灌溉放淤，三是沉沙池放淤。

① 白地放淤。就是在盐碱荒地上进行放淤，放淤水层和淤积厚度可自由掌握。

② 灌溉放淤。就是在灌溉农作物的同时进行放淤，它必须与农作物的需水状况紧密结合，因此不能在短期内获得较厚的淤泥层。

③ 沉沙池放淤。就是利用荒碱地建沉沙池，结合平原水库的建设，既可减少水库和渠道的泥沙淤积，又可沉沙造地。

放淤压盐的主要作用包括以下几点。

① 降低土壤含盐量。放淤之所以能够有效地降低土壤含盐量，是由于用来放淤的大量水，可以淋洗表层土壤的盐分。同时含盐量极少甚至不含盐分的泥沙加入了土壤耕作层并与原来的土壤混合，相对降低了土壤含盐量。

② 提高土壤肥力，改善土壤结构。泥沙中含有丰富的有机质和矿物养分，能增加土壤肥力，改良土壤理化性状。

③ 抬高地面，降低地下水位。放淤加厚了肥沃土层，改变了原来的低洼或低平地形，抬高了地面，相对降低了地下水位。

54. 什么是冲洗改良技术？

冲洗改良技术是指通过田面灌水将土壤中的盐分淋洗后排走或随灌溉水下渗将盐分带至土壤深层的盐碱地改良措施。压盐灌溉的目的不完全是或主要不是满足作物需水的要求，而是为了改善土壤的理化性质或改变田间小气候。淡水洗盐压盐是在排水体系健全的条件下，利用淡水来溶解土壤中的可溶盐分，将作物主要根系活动层的可溶性盐分随灌溉水下渗到深层而使耕层淡化，减轻盐分对作物的危害，或通过排水沟将盐分排走。土壤内所含的盐分有时形成固体结晶（往往聚集在土壤表层），有时存在于土壤水中形成含盐溶液。由于土壤中盐分存在的形式不同，因而其排除的难易也就不同。冲洗的目的在于将土壤中所存在的各种状态的盐分溶解，使其形成容易移动的自由溶液，并从土壤中排出。冲洗水的排除往往采用向下冲洗的方式，随着冲洗水的下渗将溶解于水中的盐分带至深层土壤，或经由排水沟中排除，这是最常用、最有效的措施；有时也采用明水排盐的方式，使盐分溶解在地表水层中，然后自地表排走，这种方式适用于表层含盐量大和表土透水性极弱的情况。

盐碱耕地的灌溉洗盐一般于耕种前 15 d 左右进行，灌水前转筑高埂、平整土地、深耕，有条件可结合深耕翻入秸秆或增施粪肥，有利于透水而加大盐分淋洗量，灌水量一般在 1 800 m^3/hm^2 左右，最好能泡水 1～2 d。在进行灌水压盐时配合农业措施，可提高灌水压盐的脱盐效果。对新开垦的盐碱荒地或造林地，洗盐季节应在水源充裕、潜水位较深、蒸发量小、温度较高的季节进行。地下水位低，灌水洗盐时表层盐分便于向深层淋洗；蒸发量小，在灌水后不致强烈返盐；温度高，盐分溶解速度快。灌溉洗盐用水量应尽量大些，一般情况下，用水量大的脱盐效果好于用水量小的。但如果用水量过大，则不仅造成水的浪费、加大成本，还会造成地下水位升高、土壤养分流失等不利因素。一般以硫酸盐为主的土壤可适当大些，以氯化物为主的土壤可小些。一般洗盐 2～3 次，每次灌水量 1 200～1 800 m^3/hm^2 为宜。洗盐季节可分为秋洗、春洗和伏洗。

秋洗新垦盐碱地，或计划初春造林的重盐碱地，都可在秋末冬初灌水洗盐。这时水源比较充足，地下水位较低，冲洗后地将封冻，土壤蒸发量小，脱盐效果好，但秋洗必须要有排水出路，否则会因洗盐提高地下水位，引进早春返盐。春洗经过秋耕晒垄的土地，效果较好。可以土壤解冻后立即灌水洗盐，再浅耕耕地造林。变可造林后，结合灌溉进行洗盐。春季洗盐后蒸发日渐强烈，应抓紧松土。伏洗新开垦的重盐碱地，可以雨季前整地，在伏雨淋盐的基础上，抓住水源丰富、水温较高的有利条件，进行伏季洗盐加速土壤脱盐。

55. 什么是种稻压盐技术?

在一定的水源和良好的排水出路条件下,种植水稻是治盐碱改土、争取农业增产的有效措施,其优点是边利用边改良,在利用中改良。种稻压盐技术是指低洼易涝的盐碱地通过整修水利设施后改为水田,将原先种植的旱作物(也包括旱稻)等改为水稻,在种植水稻的过程中,土壤中可溶性盐类,随着换水渗水,排出田块以外,或渗到土壤底层,因而脱盐碱的方法。盐碱土种稻改良的技术关键是实行成片规模化开发,建立完善的灌排工程体系,实行单灌单排,保证洗碱灌溉定额,并将稻田水排泄到外流河中去,以保证不发生异地次生盐碱化。需要指出的是,盐碱化耕地种稻除了要有水源保证外,还必须要有健全的排水系统,切忌盲目扩大稻田面积和水、旱田插花种植。

水稻种植离不开水,在盐碱地上种植水稻,充足的淡水资源是不可或缺的先决条件。根据"盐随水来,盐随水去"的规律,种稻压盐必须要保证水稻整个生育期内田间保持一定的水层,蓄水条件下,可以使土壤上层盐分降低,但整体的盐分并没有少,只是盐分由土壤到水体,又由水体返回到土壤底层,形成一个循环系统。促使土壤中盐分在向土层的深处迁移,达到表层土壤含盐量大大降低的效果。从客观上说明,当蓄水水位高时水中盐碱浓度低,水位低时浓度高,这样从上到下,在水盐交换过程中,逐步实现向下压盐,从而改变了土壤中盐分的垂直分布,保证了土壤中耕作层盐碱浓度减少。同时,还需要按照盐碱地的面积做好区划,配套好基础设施,特别是排灌水系统。在排灌水系统中,进水渠和排水渠要单独设置,根据每块方田对洗盐碱的要求不同,要求能独立灌水、排水,相互不受影响。然后在条田上搭横埂,实行小格泡田,做到高洼地分开,高地高灌,低地低灌,以保证水层均匀。泡田水应在2~3 d内灌入,第一天缓水进地,慢慢浸润田埂,第二天灌水建立水层,在这期间,防止跑水。种稻洗盐压盐的方法主要有以下三种。

(1) 渗透洗盐 借助灌溉水层的静水压力，把土壤盐分压入深层或通过排水设施排出到土体以外。

(2) 明排洗盐 一般要洗3～4遍，第一遍可排除土壤盐分的2/3。但土壤脱盐率并非与洗盐次数呈正相关，一般洗盐三次以后，土壤脱盐效果就不明显了，而且排水洗盐次数太多，会造成水资源的浪费。

(3) 渗透与明排相结合 即灌水建立水层，保持1～2昼夜后，使土壤表层盐分充分淋溶，即排出田面水，再灌水，反复1～2次，保持水层即可插秧。此方法适用于重盐碱土和表层积盐较重、渗透性差的中度盐碱土。对于盐斑地必须先泡田，然后田面耙碎，拉平，再灌浅水，扬入有机肥，并把有机肥混合于表层土中。

泡田洗盐灌水的原则，各地经验是"先低后高，先远后近"。因为先灌高地，已造成低地积盐，并使地下水普遍抬高，减弱渗水速度，影响土壤脱盐。灌水时从水渠上游向下游依次灌水，可避免向下游输水时，造成上游土壤被浸润而返盐。若先灌下游，则下游地段地下水位抬高，造成上游排水困难。通过长时间浸泡和排水换水，土壤脱盐层逐渐加深，土壤中的盐分就可以被淋洗和排出，从而降低了土壤的盐度，而且随着水稻种植年限的延长，脱盐程度也相应加大。

56. 种稻条件下的水盐动态如何?

土壤水盐动态是指土壤水分和盐分随空间的分布和随时间的变化过程，是一种受物理、化学、生理与生物过程等多因素影响的复杂的自然现象。水盐运动有着它自身运动规律和特点，其中水运动起着主导和决定性的作用，土壤内盐分变化主要受土壤水和地下水运动的影响，盐分既能随蒸发积聚表层，又能随渗流转移到下层或排走。种稻改良盐碱地的实质在于通过灌溉淡水实现土壤中盐分淋洗下渗的目的，并形成地下水淡水层。种稻年限越长，淡水的补给量越大，所形成的淡水层厚度也越大，土壤脱盐越稳定。地下水埋深状况制约着土壤耕作层，形成"盐随水来，盐随水去"的规律，土壤盐分主要通过潜水蒸发由深层土壤转移至土壤耕作层。土壤盐分含量及土壤盐碱化状况受地下水位的影响最大，土壤发生盐碱化的一个决定性条件就是地下水埋深，土壤盐分与地下水埋深有着紧密的联系。地下水埋深越浅，土壤水分的蒸发量越大，土壤积盐越严重，地下水埋深较深的区域土壤盐分含量低。地下水位较浅，即使地下水盐分含量较少，由于蒸发进入土壤中的水分较多也会携带较多的盐分，使土壤积盐。因此，只有地下水埋深控制在不至于因蒸发而使土壤积盐的深度，土壤才不会发生盐碱化。种稻过程中地下水的变化，也会直接影响盐碱地改良的成效，地下水回落速度快，土壤改良和水稻增产效果都好；地下水回落速度慢，往往导致邻近地区土壤发生盐碱化。

土壤中的水分是盐分运移过程中的重要载体，盐碱化土壤中的盐分随着土壤水分的运动而迁移，一般迁移包括以下三个过程。

（1）灌水过程 在灌水进行时，盐分在水的携带下发生三维运移，即表层土的淋洗脱盐过程。

（2）灌溉后 在水稻蒸腾、地面蒸发以及土壤水势梯度的共同作用下，土壤中盐分随着水分的重新分布而发生运移。土壤水盐的上下垂直运动主要是在水分蒸发、入渗和根系吸水三种条件下发生的，土壤水分处于这三种状态时间的长短及其作用强度大小的不同，决定土壤发生盐分积累或脱盐过程的趋向或强弱。随着水分的蒸发，下层的盐分随之上移，但是由于灌水以及降水作用，土层大量盐分被淋洗到根系层以下且稳定地处于较低水平，较好地抑制了盐分的运移。蓄水条件下土壤表层盐分降低，底层盐分增多，从而充分说明在蓄水条件下，水体—土壤界面间的循环压盐原理能够降低土壤表层的盐分，加速土壤耕作层脱盐，降低含盐量，保证水稻的正常生长。

（3）稻田转为旱作后水盐动态 水田转为旱作后土壤及地下水的水盐动态，主要决定于种稻期间的脱盐效果、形成的地下水淡水层厚度以及旱作期对地下水位的有效控制。如果种稻过程中土体脱盐已使土壤含盐量控制在 0.3%以下，并形成一定厚度的地下水淡水层，稻改旱后，耕层土壤不会快速返盐，否则易发生返盐现象。

　　不同水稻生育期，即分蘖期、拔节孕穗期、抽穗开花期和乳熟期内土壤盐分变化也不尽相同。在水稻分蘖期内，土壤上层保持较高的土壤盐分，随着土壤深度加深，土壤盐分有所下降。这是因为水稻灌溉前，土壤中没有水分的渗入，水稻的耗水主要依靠播前和苗期的储水灌溉，随着气温的不断升高，地表蒸发逐渐强烈，水稻叶面积虽然较小，但仍有一定程度的蒸腾作用，而根系活动层比较浅，吸水范围小，在毛管力和根系吸水力的作用下，土壤盐分随着水分不断从深层土壤逐渐向上运移，而使表层的盐分含量变大，因此水稻分蘖期土壤盐分含量较高。在拔节孕穗与抽穗开花期，虽然灌水水平比分蘖期高，但由于此时水稻已经枝繁叶茂，叶面积增大很多，水稻的叶面蒸腾作用变得强烈，水稻植株对地面的覆盖遮挡面积变大，地表蒸发很小，且水稻处于需水关键期，灌溉频率和灌水量增大，所以在灌溉水入渗作用的影响下，土壤含盐量明显减少。水稻进入乳熟期后，灌水频率和灌水量逐步减少，但气温仍然较高，根系的吸水仍然较大，蒸腾作用还是比较大，此时，盐分随着土壤水缓慢向根系运移，使得土壤中盐分含量下降缓慢趋向平稳，形成一个小幅度的复积盐时期；黄熟蜡熟阶段，水稻已经停止灌水，而白天的气温仍然较高，蒸腾作用还比较大，根系吸水仍然较大，随着土壤水向根系运移而使土壤盐分含量有所升高，但由于这时的土壤水分含量不大，盐分运移就不如分蘖期和拔节孕穗期强烈，所以此时盐分含量整体低于水稻生长发育前期的盐分含量。

57. 什么是台田模式？

　　台田模式也叫台田系统，是指一个由台田、排水沟道与鱼塘等其他农业生长基质相间排布、共同构成的盐碱土地利用模式。通过开挖排碱沟和鱼塘抬高田面基本立面结构，拉大台田耕种层与地下水的相对距离，使地下水位相对深度大于土壤返盐临界深度，达到台田排碱和改良土壤的效果。其核心要素不仅需要具有台地特征，而且还需具有排水网络结构。台田模式常用于地势较低、地下水较高、排水不畅的区域。

台田模式是盐碱地区人们经过长期经验积累而选择的适应盐碱地特殊环境而采取的可持续土地利用方式，这种利用方式满足了当地人民生活与生存的需求，是人们长期认识和适应土地及自然条件过程中不断积累的结果。从井田沟洫时期完善的排水体系，到秦汉时期利用排水沟渠控制地下水位的模糊经验，从元明时期滨海滩涂挖沟抬田的雏形结构，到清代养殖鱼虾改碱丰产的发展演变，在这样的过程中人们逐渐形成了治盐的乡土经验，即挖土成塘（沟），填土抬地，在收获农、渔产品的同时，又可以改良盐碱，可谓一举多得。当前，随着现代科学技术的不断进步，台田模式已逐渐成为盐碱地区治理改造的良好典范。台田模式在黄河下游地区分布较多，覆盖山东、河北、河南等省，特别集中在黄河三角洲及周边区域。另外，东北地区、内陆宁夏地区及珠江三角洲等地也有所应用。山东东营的"上农下渔"是台田模式的典型代表，由于综合效益突出，1997年被山东省政府定义为"东营模式"加以推广。

台田模式的类型比较广泛，按照结构组成可分为一元结构、二元结构和三元结构三种类型。其中以一元结构和二元结构最为普遍。

（1）一元结构 即条台田模式，这是一种最为简单易行的台田模式，也是治理盐碱土常用的有效模式，主要由狭长的台田和排碱沟相间排布构成，台田是唯一的提供农业生产的基质，台上种植作物，台下排水排碱，这是整个条台田模式治理盐碱的关键所在。

（2）二元结构 由台田和鱼塘两大要素构成相互联系的台田系统，二元结构中，依据形态结构的不同，又可以分为"台田—鱼塘"模式和"上农下渔"模式。

（3）三元结构 由台田、鱼塘和稻田（或藕田）三大要素构成相互作用的多层立体生态农业系统，依据台田系统构成要素比例关系，有"上农下渔"5691、5781、6543等模式（区别在于稻田、鱼塘、台田、道路沟渠面积比例的差异）。三元结构的台田模式中，稻田—鱼塘—台田依次布置，形成上、中、下立体模式。鱼塘、台田基本为长方形，长边东西向布置，便于更好地接受阳光，有利于浮游植物的光合作用，同时受风面积大，利用水面自然增氧。

58. 什么是隔层阻盐技术?

隔层阻盐技术指通过设置隔盐层来破坏土体原来的毛管系统，增加土壤孔隙度，利用地上降雨、灌溉水对隔层以上土壤淋洗盐分或通过隔层切断土壤的毛细作用，阻隔地下水向上层运动引发返盐。土壤中的盐分具有典型的"盐随水来，盐随水去"的特点，只要下层土壤及地下水中含有可溶性盐，就会有返盐现象的发生，土壤就会发生次生盐碱化。隔层阻盐是盐碱地常用改盐工程的主要措施之一，主要通过设置隔盐层来破坏土体原来的毛管系统，增加土壤孔隙度，利用地上降雨、灌溉水对隔层以上土壤淋洗盐分或通过隔层切断土壤的毛细作用，阻隔地下水向上层运动引发返盐。同时，隔层还能通过降低土壤累计蒸发量来降低土壤积盐量，达到改良盐碱的目的。

在强烈蒸发条件下，土壤中上升水流占主导优势，促使深层土壤水分向上运移。地下水或土壤中的盐分在毛细管作用下将随水分向地表迁移，水走盐留，导致大量盐分聚集在表层土壤，从而造成盐害，影响农业生产。隔盐层阻断了土壤的毛管空隙，切断了土壤毛管空隙间的上下联系，使大量盐分随水运移到隔盐层下部之后无法再通过毛管空隙向上运移，阻止了隔盐层之下土壤水的蒸发作用，从而减轻了返盐程度。隔盐层切断了土壤毛管空隙，使得土壤非毛管孔隙度增加，有利于降水的下渗，减少地表径流。在农业生产中，在地表下适宜深度处铺设隔盐层，就能改变土壤结构，破坏土壤毛细管作用的连续性，切断潜水蒸发通道，降低土壤盐害，达到有效抑制土表返盐、淡化耕层土壤的目的，为作物提供一个良好的生长环境，从而实现增产。

隔盐材料应用较多且降盐控盐效果较为理想的有河沙、碎石、鹅卵石、炉渣、锯末、树皮、农作物秸秆、蛭石、陶粒、沸石、珍珠岩等。各种材质的隔层特点各异，均可抑制土壤返盐，有效减轻盐碱土高盐分的毒害作用，优化植物生长的土壤环境，提高植物的适应性，促进植物生长发育。通常情况下，隔盐层设在植物根层之下，目的是提高土壤水下渗能力，切断含盐水分沿土壤毛细管上升的路径，用于客土或非客土作物种植或绿化工程。隔盐层设置深度依客土厚度而定，也可参照植物所需最小土壤厚度确定，隔盐层厚度一般为 20～30 cm，同时，为保持土壤有良好的排水性、透水性，隔盐层最好做出 1%～2% 的排水坡度，并向排盐管或排盐盲沟的位置倾斜，通常隔盐层上部铺设一层土工布或者作物秸秆，起到盐土层与客土层隔离作用。

59. 什么是客土改盐技术?

　　客土就是换土，是指非当地原生的、由别处移来用于置换原生土的外地土壤，通常是指质地好的壤土（沙壤土）或人工土壤。客土改盐技术是指非当地原生的、由别处移来用于置换盐碱土从而达到改良盐碱土的目的。客土改良是改善土壤结构的重要措施之一，通过客土改良能改善盐碱地的物理性质，有抑盐、淋盐、压碱和增加土壤肥力的作用，可提高土壤通气透水性，减轻土壤盐分反复上行下移对作物造成的危害。客土改盐有起碱客土压盐和客土移培两种。

　　(1) 起碱客土压盐　　在有明显盐碱或含盐量 3% 以上的盐碱地铲起表土运走，盐碱越严重铲土层应加深，然后填上好土，或者运走一部分盐碱土，把好土与留下的盐碱土混合，这样也能有效地降低土壤含盐量。挖走盐碱土后，回填种植土，彻底改变植物生长的不良基质，它在生长极不整齐的花碱地上最为适宜。该法能显著改善盐碱土的理化性质，在作物根系周围形成一个相对适宜的生长环境，尤其在土壤盐碱化严重的地块上。但是此法颇费工时，且起走的盐碱土一定要有适宜的堆放地点，所需客土也非到处可寻。更为重要的是起碱客土若不配合修建排水沟渠降低地下水位，很难避免次生盐碱化的发生。

(2) 客土移培　指寻找优良的土壤来对盐碱地块进行改良，把优良的土壤铺到盐碱地中，厚度大约在 20 cm 即可，目的是稀释原土壤中的盐碱成分。客土后土壤表层形态特征的变化因客土物质和客土改良时间而异，通过优良土壤的添加，可使盐碱地表层疏松通气，底层托水托肥。随客土时间的增长，以及耕作施肥的作用，耕作层的土壤含盐量逐渐降低到不致危害作物生长的程度。

第四章 农业改良盐碱土技术

60. 土壤熟化对土壤水盐动态的影响有哪些?

万物土中生。土壤熟化是指通过各种技术措施,使土壤的耕性不断改善、肥力不断提高的过程,即生土变熟土的过程。熟化的土壤土层深厚,有机质含量高,土壤结构良好,水、肥、气、热诸因素协调,微生物活动旺盛,供给作物水分养分的能力强。土壤熟化过程是在耕作条件下,通过耕作、培肥与改良,促进水、肥、气、热诸因素不断协调,使土壤向有利于作物高产方面转化的过程。通常把种植旱作条件下定向培肥土壤的过程称为旱耕熟化过程;而把淹水耕作,在氧化还原交替条件下的培肥土壤过程称为水耕熟化过程。土壤熟化对土壤水盐运移的影响包括三个方面。

(1) 抑制土壤返盐的作用 由于熟化土壤的团聚体和大孔隙较多,既能削弱毛管蒸发作用,减少土壤水分蒸发强度,又能促进热量的对流和水、气的涡流运动。因此表土水分蒸发较快,往往能够在表面几厘米形成干燥覆盖层,切断与下面土体的毛管联系,从而减少下层土体的水分蒸发。

(2) 促进降雨或者灌溉的淋盐作用 熟化土层的厚度对土壤的淋洗深度有较大的影响,熟化程度越高、土层越厚,淋盐深度也越深。

(3) 降低土壤碱度的作用 熟化的土壤土层深厚,有机质含量高,土壤结构良好,水、肥、气、热诸因素协调,微生物活动旺盛,土壤中有机物在微生物作用下分解,产生各种有机酸,对土壤碱度起一定的中和作用。

61. 植物覆盖对土壤水盐动态的影响有哪些?

植物覆盖是指用目标作物以外的、人为种植的牧草或其他植物，控制杂草或覆盖裸露地面。为了培肥地力和改良土壤，将生长中的田间牧草翻扣于土壤中是土壤培肥常见的实践方式，这样的作物一般被称为绿肥或覆盖作物；在保护性耕作系统中，种植这些作物大多是为了在正常作物没能形成覆盖层时，保护土壤免受侵蚀。覆盖作物可以是一年生、二年生或多年生的草本植物，也可以是一种或多种草本植物类型混种。水分带动盐分在重力的作用下向下移动，或者通过分子扩散运动而到达水分所能到达的地方。水分蒸发后盐分积聚在表层土壤中；灌溉和降雨入渗的水分又将盐分带向深层。在长时间内，如果由于蒸发而带到表层的盐分多于入渗淋洗带到深层的盐分，则土壤处于积盐状态；反之，则处于脱盐状态。土壤水盐动态与灌溉排水条件和农业技术措施有关。植物覆盖对土壤水盐运移的影响也包括三个方面。

（1）抑制土壤返盐的作用　植物覆盖的抑盐作用主要是增加地面覆盖，减少地表蒸发，抑制土壤水盐向上运移。

（2）促进降雨或者灌溉的淋盐作用　植物覆盖促进淋盐的作用是由于植物地上部分可以拦蓄地面径流，而地下密集的根系可以显著增加土壤结构和大孔隙率，从而加大土壤的透水性，增加降雨的入渗。

（3）降低土壤碱度的作用　种植和翻压绿肥，绿肥体和根茬在微生物作用下分解，产生各种有机酸，对土壤碱度起一定的中和作用。

62. 什么是振动深松技术？

深松，顾名思义就是把深处的土壤进行松动，只松土不翻转土层，保持原有土壤层次，是局部松动耕层土壤和耕层下面土壤的一种耕作技术。深松土地也叫土地深松，是指通过拖拉机牵引深松机具，疏松土壤，打破犁底层，改善耕层结构，增强土壤蓄水保墒和抗旱排涝能力的一项耕作技术。振动深松是一项独创性的土壤耕作技术，具有耕作改土的独特功效和作用，也是盐碱土改良的重要手段之一。振动深松作业可达到以下效果。

（1）打破犁底层而不翻转土壤，做到土层不乱，改善土壤耕层结构，降低土壤容重，调节土壤水、肥、气、热条件，重新组合土壤团粒结构，有效改善了土壤的物理性状，促进土壤微生物活动，降低苏打盐碱土壤的容重，创造植物根系生长和发育的良好环境。

（2）能够打破土壤板结层，使容重大、孔隙少、通气、透水和蓄水能力极差的苏打盐碱土的土壤结构得到改善，提高土壤通透性（透气、透水）、涵养性（含蓄水、养分），从而增加雨水的入渗性能，促进土壤盐分向下层的运移、沉淀、积累，达到洗碱、降盐、改土的目的，并且振动深松只是改善了土壤的物理性能，不会给土壤带来任何负效应。

（3）切断盐碱土土壤毛细管，阻断土壤底层盐碱上升通道，防止土壤盐分随水分蒸发向表土层聚集，缓解了返盐现象；雨季通过对疏松土壤淋洗作用，将盐分淋洗到根系层以下，达到脱盐、洗盐的目的。

（4）可减少地表径流，增大土壤蓄水容量，提高土壤蓄水保墒能力，能够蓄纳大量雨水、雪水，形成"土壤水库"，增强对自然条件的使用调节能力，做到抗旱防涝。未经过振动深松的土壤由于其通透性不好，降水只蓄积在表层，仅有少量的降水能够下渗到土壤中。

通过采用振动深松犁，可达到以下目的。

（1）振动碎土，有利于减少土坷垃的形成，便于播种。

（2）边深松边振动，容易形成垂直方向上实下虚与水平方向虚实间隔相结合的虚实并存格局，土壤膨松度增加，更有利于培肥地力、蓄水保墒、促进作物根系生长。

（3）等同深松效果（深度、宽度），振动深松对地表土层翻动少，对土壤持续实施冲击切割，功率消耗明显降低。

（4）能够从根本上解决地表秸秆、柴草对深松作业的影响。

63. 平整土地对土壤水盐动态的影响有哪些？

平整土地是指作物播种或移栽前，为使表土保持符合农业生产要求状态而进行的一系列土壤耕作措施，包括浅耕灭茬、耕翻、深松耕、耙地、耱地、镇压、平整土地、起垄、作畦等。其目的在于形成良好的土壤耕层构造和表面状态，协调土壤中水、肥、气、热等因素，为播种和作物生长、田间管理提供合适的基础条件。

土地不平整是形成盐斑地的重要原因之一。土地不平整高处水层薄，入渗水量少，而且冲洗后首先露出水面，蒸发强烈，土壤水分散失快，盐分随之向高处集中，形成盐分的局部聚积，使农田中稍高的微地形部位上的表土盐含量可高于低处数倍至十倍以上。毛管水的运动规律总是由湿度大的土层向湿度小的土层运移，因此，地形突起的部位既有毛管上升水流的补给，也有毛管侧向水流的补给，导致形成盐分的局部聚集，而使农田中稍高的微地形部位上的表土含盐量可高于低处数倍至十倍以上，形成盐斑。鉴于微域地形稍高起的部位，土壤发生盐碱化与水盐在地形上的重新分配有关，因此，平整土地不仅是农田基本建设的一项重要措施，更是防止土壤盐碱化不可缺少的环节。平整土地对盐碱土改良的作用，主要在于消除盐分富集的微域地形条件。

平整土地的方法一般有以犁代平、开槽取土法、起高垫低法、插花法或鱼鳞坑法。土地平整不可能一次完成，必须经粗平、细平和精平的过程。一般需要3～4年，至少也需要2年。为了保持良好的地面状况，即使在精平完成以后，也还需要加强管理，勿使不良的耕地造成新的起伏地面。农田小块盐斑的平整，工作量较小，一般多在冬闲季节进行，为了避免平整土地时贫瘠的心底土与较肥沃的表土相混，应分别将高处和低处的表土（深度20～30 cm）堆放在一边，再将高处的底层土运至洼处填平，然后，分别覆盖原来的表土，并撒施有机肥料，再耙平地面。

64. 平衡施肥对盐碱土改良的影响有哪些？

李比希早在1843年便提出了"最小养分率"，即作物产量受土壤中相对含量最少的养分所控制，也就是常说的"木桶理论"。这一定律指出，施肥要有针对性。作物有17种必需营养元素，这些元素在作物体内含量差别很大，作物种类、品种、器官和生育期都会影响作物对养分的需求。抓住作物的养分需求规律，根据土壤的供肥能力，有针对性地施肥就是平衡施肥。平衡施肥可以提高作物产量和品质，节约肥料，保护环境，改良土壤，保持地力。施肥过量或偏施某一类肥料，没有被植物吸收的部分如果无法随水流走，便会留在土壤中成为盐分。Na^+ 与 K^+ 和 Ca^{2+} 之间存在颉颃关系，高浓度的 Na^+ 抑制植物对 K^+ 和 Ca^{2+} 的吸收，Cl^- 具有非滞留性和强淋溶性，使土壤中交换性 Ca^{2+} 下降，造成 Mg^{2+} 和 Ca^{2+} 的大量淋失，Cl^- 的存在阻碍 $NO_3^- - N$ 的吸收，高浓度的 Cl^- 还可导致土壤溶液中 Cd^{2+} 浓度的升高。当土壤盐类以 Na_2CO_3 或 $NaHCO_3$ 为主时，即使总盐量、渗透压不高，也会对作物产生致命危害等。碱化土则由于 pH 高、碱化度大而对植物产生盐害，土壤 pH 与土壤中有效磷、有效铁和有效锰呈极显著负相关，碱性土壤对作物吸收矿质养分有抑制作用。盐碱化土壤 pH 和含盐量较高，限制了植物对氮素的吸收；土壤含盐量越高，各种肥料氮素的挥发损失也越多。盐碱土由于其禁闭环境，大量的磷素被土壤固定转化形成无效磷，故有效磷含量低是盐碱土营养的又一障碍因素。土壤盐分对磷素的影响与氮素一样，随着土壤含盐量的增加，作物对磷的吸收降低，施磷一方面改良了土壤，另一方面促使作物形成壮苗，根系发达，吸收养分快，新陈代谢旺盛，抗盐能力增强，植株生长良好，干物质迅速积累。钾离子是土壤盐分组成的 8 大离子之一，也是植物间必需的 3 大营养元素之一，钾与钠是化学相似元素，无论在土体还是植株体内，钾、钠 之间存在着明显的替代关系。盐碱化土壤中钾素含量与土壤含盐量密切相关，当土壤含盐量较高，尤其钠含量大时，钠与钾之间的颉颃作用直接影响植物对钾素的吸收，随着土壤改土脱盐洗碱的过程，钾素又可随水流失，土壤速效钾含量降低，故在盐碱土施用钾肥具有特殊意义。因此，无机肥料配合有机肥料既可以补充多种营养，又可以降低土壤溶液浓度，减轻由于施用化肥而引起的盐碱危害。施肥要注意多次少量施用，以免土壤溶液浓度骤然升高，影响作物吸收养分和正常生长。但长期的不合理施肥以及不合理的水分管理，会造成或加快土壤盐碱化进程。

65. 垄沟耕作对水盐运移的影响有哪些?

　　"盐随水来，盐随水去"是水盐的运动规律，作物受渍、土壤返盐都与地下水的活动有关，耕层盐分的增减与高矿化度的地下水密不可分。垄沟耕作是一种特殊的耕作方式。垄沟耕作是通过改变地表微地形，减少耕作面积，协调水、肥、气、热，促进植物生长的一种保护性耕作措施。土壤微地形能够影响水盐运移，改变土壤表层盐分的空间分布。另外，通过深挖成沟，筑土为垄，加大了土壤的暴露面积，垄沟耕作可以加厚熟土层，加快土壤的熟化；由于深挖可以深施肥料，可提高肥料利用率；具有垄和沟的耕作模式，可以灵活地排水和储水，垄沟具有极佳的集雨效果。在干旱地区，将作物播种于沟中，可以有效利用降水；在渍水地带，将作物播种于垄台，可以加强排水，减少渍害。在干旱地区结合覆膜也可以有效利用水分，减少土壤返盐。

　　在干旱地区，春秋季节干旱少雨，蒸发量大于降水量，盐分随着水分的蒸发不停地向土壤表层移动，使盐分积聚在表层；夏季降雨量大，蒸发量小于降雨量，雨水将盐分向土壤下层淋洗，土壤盐分下降。对于作物生长来说，由于春季干旱少雨，导致作物生长迟缓，夏季降雨量大，又导致作物徒长和晚熟。垄沟耕作时，将作物播种于沟中，可以集中春季的少量降水供作物生长。由于沟中水分尚足和植被覆盖，可以减少沟中土壤返盐。在雨季渍水期，通过将作物种植于垄台上，避免水淹，再利用挖沟排水，排走盐分。

　　盐碱化农田中，垄沟中的土壤含水率要高于垄的土壤含水率，重度盐碱化农田的土壤含水率要高于中度盐碱化农田的土壤含水率。在中度盐碱化土地中，高垄聚集更多的盐分，盐分集中聚集在垄中间，高垄与滴灌相结合，可以有效降低表层盐分。重度盐碱化土地中，盐分在高垄中的分布较少，盐分聚集在垄沟中，在滴灌条件下，有效降低高垄表层土壤盐分，盐分多积压在 40～80 cm 土层中，垄沟中盐分聚集在表层 0～20 cm 土层。随着灌水结束时间的增加，土壤侧渗现象显著，高垄盐分经过侧渗使垄沟中的盐分骤升。另外，土壤含水率的时空分布受灌水次数和灌水定额的影响。在灌溉期，在垂直方向上沟底土壤含水率较垄顶明显增加；在非灌溉期，由于强烈的蒸发蒸腾作用，垄顶土壤含水率持续降低，含水率阶段性变化明显。土壤盐分空间分布随土壤含水率的变化而变化，在灌溉期，沟底土壤脱盐深度随灌溉定额的增加呈增加的趋势；在非灌溉期，垄顶在作物生育期均发生积盐现象，且垄顶表层土壤盐分累积量高于沟底表层土壤。

66. 间作套种对盐碱地利用的影响有哪些？

间作套种具有集约利用光、热、肥、水等资源，减少病虫害，实现农业高产高效等优点，在我国传统农业和现代农业中具有重要作用。间作和套种都是将两种及两种以上作物相间种植，通常将高的喜阳植物与矮的喜阴植物种在一起，如一行玉米一行大豆。不同的是，间作的作物共同生长期长，生长季基本相同；套种的作物共同生长期短，生长季不同，往往是前一茬作物收割前，将后茬作物种入前茬行间。间作和套种可以有效利用地力、光能，还能抑制病虫害。作物的选择需要考虑多种因素，例如株型、叶形、根系、生育期等，常见的有豆科与禾本科，作物与绿肥等。

对于盐碱地来说，往往土壤质地不良，有机质缺乏，肥力低下，地表蒸发量大。高大作物间作低矮作物，可以增加地表覆盖率，减少蒸发。如果间作或套种豆科作物还能够提高土壤供氮能力；间作或套种绿肥可以提高土壤有机质，改善土壤物理性质；间作根系密集的作物，可以增加土壤中根系分泌物的量，改良土壤，增加土壤养分有效性。在农闲期套种绿肥，还能充分利用土地资源，延长光合作用时期，并为下茬作物提供土壤有机质和养分。间种和套种可以充分利用水平和垂直空间，增加土地总生物量，通过合理选择不同的品种，还能发挥品种间的协同作用，增加总产量。间作套种是人们在改良利用重盐地实践中摸索创造出来的一种过渡性耕作制度。它用养结合，边改边用，符合盐碱土改良的科学规律且改良速度快、效果稳定，有利于沿海滩涂合理开发利用。

67. 出苗水管理对盐碱地改良的影响有哪些？

不同作物在苗期的耐盐碱能力有很大的差别，根据资料显示，常见作物苗期耐盐碱能力由强到弱排序：草木樨、红花、油菜、甜菜、春小麦、棉花、冬小麦、高粱、玉米、水稻、大豆和马铃薯。盐碱地种植将土壤盐分压到一定深度，运用土壤盐分上下和水平的运移规律，采取合理灌溉和耕作措施，防盐保苗。在盐碱土地区，在同样的气温条件下，春季盐碱土的地温要比非盐碱地升温慢，出苗困难，故在春季盐碱地要比非盐碱地晚播种，而秋季刚好相反。

（1）作物的出苗水管理　以新疆的冬、春小麦为例，根据盐分运移的规律，一般采取以下几个步骤：伏耕深灌（8月中旬到9月中旬冬小麦播种前压盐），冬灌压盐（10月中旬到11月上旬冬灌压盐），春耙防盐，春灌压盐（春季土壤返盐是一种普遍现象，必须适时春灌淋盐，一般在4月底至5月上旬灌完第一水，每667 m² 灌水量以 60～80 m³ 为宜，浇水时要掌握轻质土早浇，重质土晚浇，地下水位高的晚浇，地下水位低的早浇。

（2）板土的苗期管理　板土的分布比较广，不仅在荒漠灰钙土地区有分布，在钙土、棕钙土、草甸土、荒漠土和盐碱土地区都有不同程度的发育和分布。由于板土具有板结坚硬、水分缺、养分少、耕性差等特点，缺苗是板土上存在的突出问题，为保证全苗，必须在播种前进行镇压，有的要镇压 2～3 次。根据三坪农场六队的观察，镇压两次的出苗率达 98% 以上，镇压一次的出苗率达 90% 左右，没有镇压的出苗率多在 75% 以下。缺苗的主要原因：板土的土块大、水分易散失，落入土块间大孔隙的种子得不到水分，不能发芽；即使种子落到湿土上，开始能吸水膨胀，但由于水分迅速蒸发，已膨胀的种子不能继续萌发，以致霉烂死亡。另外，有些种子虽然发了芽，但遇到了顶头的大土块，幼苗像"螺丝钉"一样旋转，还是钻不出土。有些幼苗虽挣扎出土，但根部却碰上了"铁门槛"，被迫向水平方向发展，由于扎根不深，水分和养分供应不足，幼苗迟迟发育不起来。为了满足种子发芽需水的要求，有的在播种前后浇一次水，但是这种播种法往往又会使土壤变板和土壤表层结成"盖子"。"盖子"的形成对幼苗生长很不利。它会紧紧压住未出土的幼苗和夹住已出土的幼苗，或者在失水后发生龟裂，把苗根扯断。因此，在板土上浇了头水后必须紧接着灌二水、三水等，以使土壤不致因失水而干裂，使作物生长期能获得较多的水分。

(3) 种稻改良盐碱地的苗期水管理 种稻改良盐碱地是我国一种边改良边利用盐碱地的传统方式。在育秧期要求通过灌溉，调节土壤温度，满足秧苗需水，提高积温，防止早春低温冷害，降低盐碱度，防止秧苗受盐害，尽量选择盐碱轻的地块做苗床，要求土壤含盐量小于 2 g/kg；结合做苗床，灌溉洗盐灌水浸泡 6 h 后将水排净；然后设置隔离层，铺放腐殖土，上水整平后播种，覆盖经过筛的 0.5 cm 厚营养土。出芽前保持土壤湿润，通透性好，含水量为田间持水量的 80%～90%，一般壤土应控制在 20% 左右。1 叶期秧苗耐盐碱能力相对较高，可以适当控制灌水量，保持较好的土壤通透性，促进秧根生长。2～3 叶期，秧苗由异养阶段向自养阶段过渡，对外界不良环境抵抗力很弱，耐盐碱能力较低，此时要加强管理，并及时补施肥料。3 叶期，秧苗耐盐碱能力最低，抵抗不良环境的能力弱，但耐缺氧能力增强，可以适当增加灌水量，保持床面湿润。若揭膜通风，要防止床面返盐和秧苗蒸发失水，要求床面有 1 cm 水层。4～5 叶期，秧苗耐盐碱能力增强，生长速度加快，管理上要求揭膜炼苗，但如果外界气候干燥，风力较大，盐分会上升，要特别注意防止盐害发生。盐碱稻田泡田期灌溉，既要满足水稻正常插秧，又要淋洗土壤盐分。泡田前先整地，新开盐碱稻田要将重碱斑深挖 50 cm，挑土筑堤，然后将轻盐碱土回填坑内。集中泡田，机械耙地，做到寸水不露泥，以免低处淹苗、高处落干死苗。泡田整平后及时补水。在轻度盐碱稻田，每 667 m² 一次泡田用水控制在 100～150 m³，通过渗漏进行在新开的盐碱较重的地块（土壤含盐量大于 3 g/kg），结合泡田排一次盐碱每 667 m² 补水

$30\sim40\ m^3$。泡田期 5 cm 土壤含盐量一般控制在 1 g/kg 以下，pH 小于 9.0。在氯化物盐碱地上，可以将土壤含盐量控制在原土壤含盐量的 80% 以下，田面水矿化度小于 2 g/L。秧田期秧苗移入稻田后，由于根系和茎叶受伤，土壤盐碱含量高，容易发生盐害死苗。此时灌溉既要满足秧苗的水分平衡又要防止盐害。

68. 盐碱地的灌溉制度如何制定？

灌溉制度是为了保证作物适时播种（或栽秧）和正常生长，通过灌溉向田间补充水量的灌溉方案。灌溉制度的内容包括灌水定额、灌水时间、灌水次数和灌溉定额。灌水定额是一次灌水在单位面积上的灌水量，生育期各次灌水的灌水定额之和即为灌溉定额。灌水定额和灌溉定额常以 m^3/hm^2 或 mm 表示，它是灌区规划及管理的重要依据。充分灌溉条件下的灌溉制度，是指灌溉供水能够充分满足作物各生育阶段的需水量要求而设计制定的灌溉制度。作物水肥一体化高效灌溉制度是以最少的灌溉水量投入获取最高效益而制定的灌溉方案。

盐碱地灌溉制度的制定首先需要安排的就是冲洗淋盐，将土壤中的盐分淋洗出去或压到土壤底层，以满足作物生长的需要。在有条件的地区采用种稻洗盐，在不具备条件的地区则采用伏泡、冬春灌等方式，而洗盐的效果又与洗盐的时期、定额和技术等有关。目前在新疆北疆地区由于水资源紧张，一般 2～3 年进行一次冬灌或春灌，南疆地区一般是每年进行一次或两次冬灌和春灌。洗盐定额是将 1 m 土层中过多的盐分淋洗到允许的含盐量条件下，每667 m^2 地所需要的灌水量。洗盐定额又取决于土壤原始含盐量、土壤质地和季节性蒸发强度。初次开垦的盐碱地洗盐水量一般在 400～1 000 m^3，但不能一次都灌进去，必须分次灌入，北疆地区以 3～5 次、南疆地区以 6～8 次为宜，每次的灌水量为 90～110 m^3。对于连续耕作的盐碱地，一般每年至少进行一次冬春灌，每次灌水量为 90～110 m^3。

上面介绍了盐碱地灌溉中的一般做法，目前新疆已经大面积应用滴灌技术。当气候、土壤、水质条件确定时，由于影响土壤中盐分分布的主要因素是灌水量和滴头位置，因此，通常情况下地表滴灌可通过调整滴头间距和灌水量的办法，有效地控制作物根区的盐分聚积，可以采用有效的高频灌水方法，频繁而少量的灌水不仅可以及时补充作物蒸腾损失的水量，同时可使作物生长区土壤中的盐分保持在低浓度状态。而采用地下滴灌务必要慎重，对于其可能的积盐情况要有一个正确的评估。实践证明，用滴灌进行频繁灌水情况下，滴头下形成的淡化带深度，对于一年生作物可达 $30\sim40\ cm$；对于多年生作物，如葡萄，可达 $80\sim100\ cm$。事实上，滴灌能使根的含盐量保持在灌溉水本身的含盐量范围内。由于滴灌条件下，大田土壤盐分分布是不均匀的，在有天然降水能使土壤得到充分淋洗的地区，例如新疆北疆大部分地区，滴灌情况下作物行间所造成的盐分积累，对农业生产影响较小。但降雨量很少的干旱区，特别是盐碱土地区，例如新疆南疆、东疆地区，天然降雨或春季融雪水不能将盐分淋洗到根层以下，针对不同作物和情况应该采取以下措施。

（1）对于一年生行播作物，如棉花、瓜菜等，每年利用水源充足的季节，彻底洗盐一次，或播前采用地面灌压碱洗盐后播种布设滴灌系统；也可在播种后利用滴灌系统（地表滴灌）本身，采用加大灌水量的办法进行淋洗。

（2）对于多年生作物，如葡萄、啤酒花、果树等，可每隔几年淋洗一次。除有条件采用淹灌洗盐者外，可利用滴灌系统（地表滴灌）本身，采用加大灌水量的办法实现淋洗。

（3）盐分积累的主要区域是湿润锋的位置。一场小雨能够将这些积盐淋洗到根系活动层，对作物造成严重伤害，为了将盐分淋洗到根区以外，降雨时应开启滴灌系统进行灌水，使可能的盐害减到最小。

（4）对于特殊地区、特殊作物，如库尔勒市荒山绿化，土壤中盐分虽然多，由于林带行距较宽，降水又很少，采用地表滴灌并加大灌量，将盐分积聚在两行树的中间和根系层以下，不再采用其他措施也是可行的。

69. 盐碱地中的氮素损失有哪些?

氮是植物生长必需的大量元素之一，需要量位居矿质元素首位。氮素在土壤中的运移规律是十分复杂的，受土壤类型、灌水量、灌水方式、施肥液浓度和肥料类型等多种因素的影响。氮肥施入土壤后，被作物吸收利用的只占其施入量的 $30\%\sim40\%$，大部分氮肥经过各种途径损失于环境中。在氮素以不同形态进入环境的过程中，氮素之间、氮素与周围介质之间，始终伴随和发生着一系列的物理、化学和生物转化作用。

(1) 硝化作用　硝化作用是 NH_4^+ 或 NH_3 经 NO_2^- 氧化为 NO_3^- 的过程。

(2) 反硝化作用　反硝化作用是 NO_3^- 逐步还原为 N_2 的过程，并释放几个中间产物。

(3) 化学反硝化　化学反硝化是 NH_4^+ 氧化为 NO_2^- 过程的中间产物、有机化合物自身的 NO_2^-（如胺）或无机化合物（如 Fe^{2+}、Cu^{2+}）的化学分解。

(4) 耦连硝化—反硝化作用　其经常与硝化细菌的反硝化作用相混淆。

(5) 硝化细菌的反硝化作用　硝化细菌的反硝化作用是硝化作用的一个途径。

(6) 氮的吸附　土壤中各种形态的氮化合物，如铵态氮、硝态氮、有机态氮等均能和土壤无机固相部分相互作用，被吸附或固定，在这三种形态中，研究得比较多的是铵态氮和有机氮与土壤固相的作用。

(7) 氮的矿化　氮矿化指有机态氮转化为矿质氮的过程，是和氮的固定截然相反的过程，是氮素形态转化的最基本环节。

土壤中的氮素损失途径主要有反硝化作用、氨挥发、淋溶和径流等，它们之间有密切关系，各种途径损失的数量占总损失量的比例受多种因素的影响，在多数情况下，在盐碱化土壤上以氨挥发为主。盐碱土类型因地形、气候等因素不同而不同，不同盐碱化类型土壤中各种盐分离子含量不同导致土壤物理、化学和生物特性不同，从而导致施入土壤氮肥损失特征不同。盐碱化土壤氨挥发损失大于非盐碱化土壤，随着盐碱化程度的增加，氨挥发持续时间延长且挥发量随之增加。碱化土壤上氨挥发以下降为主，盐化土壤上氨挥发量则是先上升后下降。氨挥发量随着盐碱化程度的增加而上升，且氨挥发量和氨挥发速率均与土壤含盐量呈极显著正相关，氨挥发持续时间随着盐碱化程度的增加而延长。其机理为在盐碱化土壤上脲酶对氮肥的水解作用不显著，总盐含量的增加和 pH 的升高抑制了脲酶活性，但却促进了氨的挥发，土壤中铵态氮和硝态氮浓度呈相互消长关系，铵态氮浓度与氨挥发量有较好的相关性，土壤总盐含量和 pH 显著减缓硝化作用过程，使得土壤中铵态氮含量增加，促使氨大量挥发。

第五章 生物改良盐碱土技术及盐生植物

70. 什么是盐生植物？

根据植物的耐盐能力，将植物分成盐生植物和非盐生植物或甜土植物。盐生植物又称盐土植物，目前在鉴定盐生植物种类时，不同研究人员提出了各自的定义。盐生植物主要定义包括两个：①Flowers 和 Colmer 的定义，即能在大约 200 mmol/L 的 NaCl 或更高的盐环境生长并完成生活史的植物为盐生植物；②Greenway 等（1980）的盐生植物的定义，即凡能在含有 3.3×10^5 Pa（相当于 70 mmol/L 单价盐）以上的渗透压盐水中正常生长并完成生活史的植物都是盐生植物，否则即是非盐生植物。能否完成生活史是天然盐生植物和少数耐一定盐浓度的非盐生植物的区别。盐生植物作为生长在盐土上的天然植物，具有重要的生态价值，同时具有潜在经济价值。根据《中国盐生植物》记载和该书作者 2002 年在《植物学通报》上撰文对书中遗漏的盐生植物属种进行的补遗表明，目前我国盐生植物种类为 71 科、221 属、508 种。中国盐生植物按照不同标准有如下分类标准。

（1）根据植物对盐度的生理适应，可以将盐生植物分为三个生理类型

① 稀盐生植物，其中藜科最多；② 泌盐生植物；③ 拒盐生植物，主要是禾本科（如芦苇）。

（2）根据它们的生态学特点也可将盐生植物分成四类

① 旱生盐生植物；② 中生盐生植物；③ 水生盐生植物；④ 热带港湾盐生植物——红树林（红树林与其他盐生植物一样，也不是一个天然分类学的类群）。

(3) Breckle 盐生植物分类（三种生理类型）

① 真盐生植物，包括叶肉质化真盐生植物和茎肉质化真盐生植物，如盐角草、盐地碱蓬等；② 泌盐盐生植物，包括盐腺泌盐的盐生植物和利用囊泡泌盐的盐生植物，如柽柳等；③ 假盐生植物，如芦苇等。

71. 常见的盐生植物有哪些？

我国有丰富的盐生植物资源，种类约占世界盐生植物的三分之一，其中有许多种具有重要的经济价值。有的可作为粮食作物，如苋科的老枪谷、禾本科的碱麦，其种子含有丰富的营养物质；有的是重要的饲料，如滨藜、地肤等，含有丰富的蛋白质；有的是重要的药用植物，如罗布麻（滋补剂）、补血草（止痛消炎）等；有的可以作为重要的工业原料，如红树林植物、田菁（生产开采石油的田菁胶）、露兜树（芳香油原料）；还有一些盐生植物可以作为建材、观赏植物、薪材等。下面简单介绍几种常见的盐生植物。

(1) 柽柳 又名"红柳""三春柳""西河柳"，属柽柳科、柽柳属，灌木或小乔木。生长在弱水岸边及戈壁滩的沙丘上，枝条较细，老枝暗褐色，嫩枝鲜红褐色。五月初枝条萌芽，先长叶，叶短线形，表面有盐腺，为泌盐植物。耐盐碱，耐干旱瘠薄，是一般湖盆滩地和盐渍荒地的主要造林树种，在含盐量1%左右的土壤上可形成自然林。故柽柳可作为盐碱土指示植物或作为盐碱地的风景树。

(2) 胡杨 又名"胡桐""异叶树""五同树"，杨柳科，落叶乔木。植株高15～30 m，小枝有毛，老枝特别粗大。冬芽有毛无黏胶。叶形多达40多种。天然生于内陆河岸或地下水位较高地带，形成天然胡杨林。根蘖繁殖力强（当地下水位1～3 m时，胡杨林生长最好，9 m以下时，则完全不能生长）。虽比较耐盐碱，在土壤含盐量2%时生长良好，但当含盐量达5%～10%时出现死亡现象。树质优良，耐水力强，抗压强度也不亚于松木，是造纸工业的好原料。

（3）梭梭　又名"梭梭柴""白梭梭""琐琐"，广泛分布于我国西北荒漠地区，在河西走廊，多生于海拔 $1\,600\sim1\,650\,m$ 的河边沙地、沙丘上；是天然、典型的沙生落叶小灌木或小乔木，属藜科，植株高达 $1\sim9\,m$，主根很长，能扎入地下水层，充分吸收水分而生存。嫩枝含盐量高达 $14\%\sim17\%$，是典型的积盐性植物，因此，梭梭又叫盐木。它主要在一定含盐土壤上生长，土壤含盐量 2% 条件下最适生长，其耐盐的临界范围在 $4\%\sim6\%$。叶片全部退化成鳞片状，紧贴节上，单叶、对生。梭梭也是沙漠地区营造防风固沙林的优良树种，枝条发热量多，既是薪炭林树种，还可作绿肥，枝干可提取碳酸钾。

（4）白刺　蒺藜科，多年生小灌木。茎灰白色，小枝具有贴生丝状毛，叶肉质，亦被丝状毛；可在含盐量 1.5% 的土壤上生长，为排水良好的盐土指示植物；果实可食用，还可入药，能健脾胃，有滋补强壮、调经活血等功效。另外，白刺的叶和嫩枝营养丰富，是畜禽好饲料。

（5）骆驼蓬　蒺藜科，多年生草本，有异臭，多分枝，铺地散生，无毛。叶互生，肉质，$3\sim5$ 全裂，裂片线状或披针形，托叶线形。夏季开花，单生，与叶对生，白色或淡黄绿色。蒴果近球形，褐色，三瓣裂。种子三角形，黑褐色。多生于干旱草地和盐碱化荒地。种子可作红色染料，种子油可制肥皂和油漆等；叶可代肥皂用，又为牧草，枝叶可治痔疮。目前发现可以从骆驼蓬中提取一种抗癌药物，其针剂已有用于临床试验。

（6）盐爪爪　亦称"灰碱柴"，属藜科小灌木，高 $20\sim50\,cm$，多分枝，叶互生，圆柱形，肉质，灰绿色，基部下延，半抱茎。夏季开花，穗状花序顶生，花两性，花被合生。胞果，种子近圆形，密生乳头状小突起，生于盐碱滩或盐湖边。

（7）盐地碱蓬　又叫"黄须菜""碱蓬棵"，藜科一年生草本植物。茎叶肉质化，线形，甚密。秋季开花，花小，花被略呈五角星状。种子横生或斜生。植株贮水组织发达，细胞内有盐泡，可生于含盐量高于 2% 的土壤中，但在土壤含盐量在 1% 且较湿润时生长茂盛，是常见的钠土指示植物。盐地碱蓬种子可榨油，既能食用，也可作为肥皂、油漆、油墨等的加工原料；茎叶可作饲料，还可作烧灰提碱。

(8) 猪毛菜 又名"扎蓬棵"，藜科一年生草本植物，分枝甚多，叶线状圆柱形，肉质，先端有尖刺。秋季开花、花小。穗状花序；苞叶覆瓦状排列，贴向花轴。果实近球形。多生于盐碱的沙质土上。全草可供药用，能降低血压；亦可作饲料。

(9) 罗布麻 又称"野麻"，多年生直立半灌木。株高 1.5～3 m，内含白色乳汁。枝条对生，无毛，紫红或淡红色。叶椭圆形或长圆状披针形，边缘有细齿。花小，花冠钟形，粉红或紫色，具芳香。花冠两面有颗粒状突起，呈聚伞花序。果又生、下垂，种子褐色，前端具一丛伞状绒毛。果皮开裂，用种子或分株、切根、插条繁殖。罗布麻喜光、抗风、耐寒、耐旱、耐盐碱、耐酷热，生命力极强，能在荒漠、盐碱滩上成片成长。罗布麻茎的纤维柔韧，细长洁白，有光泽，抗腐、抗湿能力强，是纺织工业和造纸工业的优良原料，有待开发。全草又可入药，有治疗高血压、神经衰弱等作用，乳汁能愈合伤口；其花芳香，可作蜜源植物；嫩芽、叶和花均可作饲料。

(10) 芦苇 多年水生或湿生的高大禾草，水生盐生植物或拒盐盐生植物，生长在灌溉沟渠旁、河堤沼泽地等，世界各地均有生长，芦叶、芦花、芦茎、芦根、芦笋均可入药。

72. 我国盐生植物是如何分布的？

盐生植被是一种典型的隐域性植被，其分布主要受土壤盐分和水分的制约，世界上有盐碱土分布的国家和地区都有盐生植物分布。根据已有的调查，盐生植物集中分布于地中海地区、非洲、南美等地的干旱、半干旱土壤上，也常见于滨海地带。我国的盐生植物主要分布在西北与华北干旱与半干旱区、黄河三角洲地区及华东与华南沿海地区。根据盐碱土的分布区域和一个热带海滨盐化沼泽区，可将我国盐生植物资源分布为八个分布区。

（1）**内陆盆地极端干旱盐碱土区盐生植物资源分布区** 主要指南疆的塔里木盆地和柴达木盆地，这个地区属温带荒漠区，气候极端干旱，年降水量在 50 mm 以下，有的地方甚至全年无雨，是我国极干旱地区，也是世界最干旱地区之一，干燥度大于 16，土壤以荒漠盐土为主。

（2）**内陆盆地干旱盐碱土区盐生植物资源分布区** 这个地区主要包括新疆北部（准噶尔盆地），甘肃西北部和内蒙古西半部，属温带荒漠区和暖温带荒漠区。

（3）**宁蒙高原干旱盐碱土区** 这个地区主要为内蒙古自治区东部以及宁夏回族自治区的北部。

（4）**东北平原半干旱半湿润盐碱土区** 这个地区包括黑龙江省、吉林省西部和内蒙古自治区的东部，以温带草甸草原景观为其特征。

（5）**黄淮海平原半干旱半湿润盐碱土区** 这个地区包括河北省东部和东南部，山东省东北部和西南部，安徽省北部淮河流域。

（6）**滨海盐碱土区** 这个地区主要为河北东部盐害海滨、山东东北部和东南盐害海滨以及江苏东北部沿海海滨地段。

（7）**西藏高原高寒和干旱盐碱土区** 这个地区主要包括西藏自治区北部。

（8）**热带海滨盐化沼泽区** 主要指我国热带和亚热带的广东、广西、福建、台湾和海南沿海的海湾和河口盐化沼泽地区。

73. 什么是真盐生植物？

真盐生植物又称聚盐性植物，这类植物对盐土的适应性很强，能生长在重盐碱土上，从土壤中吸收大量可溶性盐分并积聚在体内而不受害。这类植物的原生质对盐类的抗性特别强，能够忍受 6% 甚至更高浓度的 NaCl 溶液。它们的细胞液浓度很高，并具有极高的渗透压，大大超过土壤溶液的渗透压，所以能从高盐浓度盐土中吸收水分，常见的代表植物有生长在滨海重盐碱土上的盐地碱蓬、盐角草、碱蓬等。真盐生植物又分为两个类型。

（1）**茎肉质化真盐生植物**　主要为藜科中的盐穗木属植物、盐节木属植物、盐爪爪属植物、海蓬子属植物。它们的形态特征是叶退化成鳞片状，新生枝条绿色并肉质化，是植物体的同化器官。同化枝的横切面多为圆形，表皮由一层很薄的薄壁细胞构成。薄壁细胞均有盐泡的存在，盐泡是细胞中过量盐分集中的场所，在一般情况下这些盐分不再排出盐泡，从而抑制盐分对细胞产生毒害。盐泡可以随盐溶液浓度的增大而逐渐长大，当长大到一定程度时还可以用出芽的方式进行增殖。这些细胞的盐泡中贮存大量的盐分，只有枝叶枯死或全株死亡以后才能除去盐分。同化细胞的细胞质十分黏稠，常凝缩到轻微的质壁分离状态，从而使细胞保持较低的水势以利吸水。

（2）**叶肉质化真盐生植物及茎肉质化真盐生植物**　盐离子积累在叶片肉质化组织及绿色组织的液泡中，叶肉质化真盐生植物有藜科的碱蓬属、猪毛菜属。叶肉质化真盐生植物的特征是叶片肉质化，叶中高浓度的盐分到一定程度可通过叶片脱落实现排盐。

真盐生植物的肉质化是指植物叶片和茎部的薄壁细胞组织大量增生，细胞树木增多，体积增大，可以吸收和贮存大量水分，如此可以克服植物在盐碱条件下由于吸水不足而造成的水分不足。更重要的是，真盐生植物的肉质化可将植物从外界吸收到体内的盐分进行稀释，使其浓度降低到不足以致害的程度。有些植物如碱蓬在盐分胁迫下，主要依靠从外界吸收积累无机盐离子作为渗透调节剂，增加细胞液浓度以避免细胞脱水和促进细胞吸水。除此以外，这类植物还能在细胞中合成积累一定数量的可溶性有机物作为渗透调节剂进行渗透调节以适应外界环境。

盐土农业在新疆已具有种植生产模式。第一年、第二年在盐碱地上种植盐生植物，如碱蓬、盐角草、野榆钱、菠菜等，每年可从每 667 m^2 土壤中带走 740～800 kg 的粗盐，利用这些生物积盐，使土地脱盐；第三年种植耐盐豆科绿肥植物如草木樨，进行生物固氮以快速培肥；第四年这块土地基本上就可以种植农作物了，当年的农作物产量与普通田地没什么差别。盐土农业不但可以改良土地，进行土地资源的开发，还可以将我区很多的浅层咸水加以利用，而且这些含盐植物在药物、食物、饲料、花卉、保健品等方面都有很好的开发前景。

74. 什么是泌盐生植物？

泌盐生植物又叫排盐植物，是指依靠植物体内的泌盐结构即盐腺和盐囊泡等将体内过多盐分排出体外，以免受伤害的盐生植物。泌盐生植物分为两类：一类是向外泌盐的盐生植物，这类植物只有盐腺，通过盐腺将吸收到体内的盐分分泌到体外。典型的代表植物如大米草、二色补血草等。盐腺在植物的分布因植物种类不同而有所差异，一般情况下植物的地上部分如茎、叶、叶柄、叶鞘等都有盐腺，以叶片最多。也有些植物的盐腺只分布在叶片上。另一类是向内泌盐植物，它的叶表面具有囊泡，可将体内的盐分分泌到囊泡中，暂时贮存起来，主要有藜科的滨藜属、藜属、猪毛菜属植物。

泌盐生植物泌盐作用是复杂的生理过程。盐离子进入根毛和表皮细胞以后，即通过共质体和质外体两个途径经过皮层向导管方向运输，由于凯氏带的关系质外体运输受阻，离子全部由共质体向导管运输，通过木质部薄壁细胞进入导管。进入导管的离子随着向上的蒸腾流从共质体和质外体两个途径进入叶肉细胞。在从叶肉细胞进入腺体细胞时，由于腺体细胞的部分细胞壁角质化和木质化，离子只能通过共质体进入盐腺细胞。离子进入盐腺细胞以后即可通过盐腺分泌细胞壁上小孔，将盐离子分泌到细胞外。在另一些细胞中离子也可通过共质体和质外体两个途径进入囊泡细胞。离子进入囊泡细胞以后，即暂时贮存在囊泡中，如遇大风、暴雨、触碰等破坏因子使囊泡破裂，将盐离子释放出来。

75. 什么是拒盐生植物？

拒盐生植物又称不透盐植物或者假盐生植物，这类植物虽然能生长在盐碱土中，但不吸收土壤中的盐分，这是由于植物体内含有大量的可溶性有机物，细胞的渗透压很高，使植物具有抗盐作用。

生长在盐碱荒地中的獐毛、碱蓬等都是典型的不透盐植物。一方面，拒盐植物这类植物的根部细胞中积累有大量的可溶性碳水化合物，以提高渗透压，使根细胞有很强的吸水能力；另一方面，它们的细胞膜对盐分透性很小，犹如一道天然的屏障，把盐分拒之体外，这样根系在吸收水分时，可以不吸收或少吸收盐分，所以不会受到盐害。拒盐生植物中，有些植物的根部有较强的过滤作用，几乎不吸收或很少吸收土壤中的盐分；还有些植物的根吸收土壤中的盐分后能有效地阻止盐分运输到叶部，而将其保留于根部或茎干中，如芦苇、星星草等。拒盐生植物一般无特殊的形态结构，与正常植物无明显差异，但有抗盐机制以适应盐渍生境。拒盐生植物拒盐的机制非常复杂，目前还没搞清全部机理。一般研究认为细胞质膜是盐离子进入细胞的必经之路，质膜透性大小是盐离子能否进入细胞的决定因素，而决定质膜透性大小的重要因素是质膜的组成。由此可见，生活在盐碱地中的植物能通过一定的生理活动来维持正常的生命活动，如提高自身细胞内渗透压来吸收水分、将盐分积累于根部或排出体外以减少盐分对自身的危害等。

76. 什么是抗盐基因？

盐碱化是影响植物生长发育的重要逆境因子。逆境会诱导植物特定基因表达，以保护细胞免受逆境的危害。抗盐基因就是编码一些抗盐性物质的基因，如编码渗透调节物合成基因、耐盐相关蛋白类基因、保护酶相关基因、感应和传导胁迫信号的蛋白激酶基因以及转录因子的调控基因等。当植物受到盐碱胁迫时，抗盐基因得到表达，通过调节渗透物质含量和改变保护酶活性来响应盐胁迫，从而提高植物的耐盐能力，有助于植物在盐害等不利环境下生存。盐生植物和嗜盐微生物能够在高盐环境中生存，其基因组中的抗盐基因资源相对丰富，也是抗盐基因筛选的重要对象。随着现代分子生物技术的飞速发展，鉴定、克隆与抗旱/耐盐相关的目的基因，并加以利用，已成为培育抗逆品种的主要途径之一，一批影响植物抗逆性的重要基因已相继被鉴定和克隆。

（1）渗透保护物质生物合成的基因　已成功克隆出一批能有效地提高植物的渗透调节能力、增强植物的抗逆性的基因。这类基因可分为如下三类：编码氨基酸合成的关键基因、编码季铵类化合物（如甜菜碱和胆碱等）合成的基因、编码糖醇类及偶极含氮类化合物生物合成的基因。

（2）编码与水分胁迫相关的功能蛋白的关键基因　植物体可以通过调控水孔蛋白等膜蛋白以加强细胞与环境的信息交流和物质交换，通过调控 LEA（Late embryogenesis abundant protein）等逆境诱导蛋白提高细胞渗透吸水能力，从而增强抗旱、耐盐能力。植物水孔蛋白可分为三类：液泡膜水通道蛋白、主体水通道蛋白及近缘的主体水通道蛋白。

（3）与信号传递和基因表达相关的调控基因　在环境胁迫下，植物体能通过信号传导作用，启动或关闭某些相关基因，以达到抵抗逆境的目的。

（4）与细胞排毒、抗氧化防御能力相关的酶基因　在水分胁迫下，植物体内会产生一系列的解毒剂，以清除体内活性氧，使细胞免受毒害。在人口不断增加、土壤盐碱化加快的情况下，开发利用抗盐基因资源，培育耐盐植物，有效控制和利用盐碱土，对农业发展、粮食安全和生态保护等具有重要的意义。随着分子生物学技术和方法的不断发展和完善，植物耐盐生理和机理研究的不断深入以及转基因技术的发展，抗盐基因在基因工程中广泛应用，并可提高植物的耐盐能力。例如，将抗盐基因 $mtlD$ 和 $gutD$ 转入烟草、水稻、玉米等植物中，不同程度地提高了这些植物的耐盐性。

77. 抗盐牧草有哪些？

"生物治碱"是指盐碱化地区种植耐盐碱植物，通过植物生理功能和根系对土壤理化性质的影响，从而使盐碱土理化性质逐步向良性循环发展，逐步减轻盐碱成分对植物的危害，达到治理盐碱土的目的。其中利用牧草治碱，结合"防、治、用"于一体，结合灌水能够从根本上达到防治土壤盐碱化的作用，而且符合建立草地生态农业的大趋势。牧草一般指供饲养的牲畜使用的草或其他草本植物，广义的牧草包括青饲料和作物。抗盐牧草一般指能够在盐碱地等非生物胁迫环境中生长的豆科牧草和禾本科牧草，其中豆科抗盐牧草有海边香豌豆、白花草木樨、黄花草木樨、沙打旺、田菁、苦豆子等；禾本科抗盐牧草有大米草、小花碱茅、高麦草、羊草、披碱草、野大麦、冰草、芨芨草、苏丹草等。不同地区的气候条件不同，耐盐碱牧草的栽培还受地理分布的影响。在我国"三北"地区，种植了较大面积的碱茅属植物，它对盐碱化土壤有较强的适应力，能降低耕作层土壤全盐量，改善土壤物理性状。辽宁省在中盐碱地上栽培细叶藜取得较好效果，为发展养猪提供了优质饲料。星星草是一种耐盐性较强的禾本科牧草，经人工筛选后，在黑龙江等地的盐碱地上有一定的种植面积。羊草是多年生根茎型禾草，具有生产力高、抗逆性强、营养丰富、适口性强等优点，适应性强，具有广泛的生态可塑性，能适应多种复杂的生境条件，是松嫩江平原上的优质牧草，能与獐毛、星星草、碱蓬等混合种植。苜蓿中蛋白质含量达80%，营养丰富，再生性强，是改良土壤的绿肥，更是畜牧业的高效饲料，在我国已广泛应用于滨海盐碱地的改良。通过在盐碱地上种植牧草或其他植物的实践，人们取得很多宝贵的经验。如播种或栽植时施用有机肥、土壤脱盐剂，采取台田种植等均可提高栽培效果。在干旱的内陆盐碱地采用滴灌、喷灌等节水工程，效果更为明显。

牧草对土壤的改良作用如下。

（1）**能使土壤明显脱盐脱碱**　种植牧草使土壤含盐量及碱化度降低的原因在于牧草整个生育期中需要多次灌水，使盐碱得到不断的淋洗。同时，随牧草生长植株对地面有很好的覆盖作用，可减少水分蒸发，抑制返盐。此外，牧草根系发达，从土壤中"吸盐"能力很强，吸收后可作为本身的养分，待收翻时随植株带走，也利于土壤脱盐。

（2）**改变土壤物理性状**　牧草根系发达，生长时在土体中伸展、穿插，能改善土壤中水的渗透性及通气条件。另外，种草能增加土壤有机质,这些都利于团聚体的形成,以改善土壤物理性状。牧草收割和秋翻地时已明显表现出耕性的改善。

(3) 增加土壤养分 牧草不仅根系发达,而且枝叶繁茂,生长后部分根、秸秆和落叶留在土壤中可增加土壤有机质。

(4) 增加土壤中可溶性 Ca^{2+} 含量 可能的机制主要有三种:① 植物生长过程增加了根区的二氧化碳分压,从而增加了根区碳酸浓度,进而增加了土壤中可溶性 Ca^{2+} 含量;② 植物根际释放质子(H^+),降低根区土壤 pH,增加 Ca^{2+} 溶解浓度,从而增加土壤中可溶性 Ca^{2+} 含量;③ 植物收获后带走土壤中阴离子,从而促进土壤中 Ca^{2+} 溶解,增加土壤中可溶性 Ca^{2+} 含量。

在新疆、滨海盐碱地地区,土壤盐碱化致使种植农作物受到很大限制,而牧草比农作物抗盐性强,特别是生长在盐碱地的抗盐牧草有很大的优势。充分利用抗盐牧草的这种优势,筛选、推广利用优质抗盐牧草建立人工草地改良盐碱地,对于发展这一地区的畜牧业有很大的促进作用。

78. 耐盐碱灌木有哪些?

灌木指那些没有明显的主干、呈丛生状态比较矮小的木本植物,一般可分为观花、观果、观枝干等几类。多年生。一般为阔叶植物,也有一些针叶植物是灌木,如刺柏。如果越冬时地面部分枯死,但根部仍然存活,第二年继续萌生新枝,则称为"半灌木"。耐盐灌木指那些可以在高盐环境中生长的没有明显的主干、呈丛生状态比较矮小的木本植物。常见的耐盐灌木包括:柽柳、罗布麻、梭梭、沙拐枣、枸杞、紫穗槐、木槿、锦鸡儿、多花蔷薇、白刺、金银木、胡枝子、水蜡、紫(白)丁香、月季、紫叶小檗、连翘、榆叶梅、接骨木、贴根海棠、紫荆、金山绣线菊、金焰绣线菊、珍珠梅等。灌木树种是景观工程的主要"角色",许多公路护坡景观和园林景观主要是由灌木树种打造的,其成活及生长状况对绿化效果影响很大。其中土壤中盐碱的含量直接影响灌木的存活率,如树木暂时成活,以后随着根系的外展生长或外部盐碱的入侵,遭受的盐碱危害逐渐加重，地上部分干叶、枯枝等盐害症状逐渐明显，树木逐渐死亡；另外，树木苗期生长正常，但长大了以后根系伸长到地下咸水层，开始因盐害而腐烂，随即地上部分出现干叶、枯枝等盐害症状，树木逐渐死亡。因此，在景观的开发建造中，紫穗槐、柽柳、白刺、沙枣、四翅滨藜等耐盐碱强的灌木更易被利用。它们对景观建设带来了很大的经济效益、生态效益和社会效益。

79. 抗盐农作物有哪些？

盐土农业是以各类盐碱土、荒漠土为基底，用咸水、海水进行灌溉，种植有一定经济价值的耐盐碱植物的农业。发展盐土农业，是改良利用盐碱土资源的一项经济有效的新途径。种植抗盐农作物可以改良盐碱地。世界各国在发展盐土农业和采用抗盐牧草等改良盐碱土的同时，还通过杂交育种、基因工程的技术选育与开发利用了大量的抗盐农作物品种，如埃及的耐盐水稻、耐盐碱小麦、美国的抗盐大麦和番茄以及我国植申系列高产抗盐小麦品种、轮抗6号与轮抗7号小麦、聊87和盐棉48号等抗盐棉。

抗盐作物一般指能在含盐量较高的土壤上生长，对土壤中较高的盐分含量有一定耐受能力的作物，如高粱、水稻、甜菜、向日葵等。作物的耐盐碱能力可分为生物耐盐碱力和农业耐盐碱力。上述鉴定方法指生物耐盐碱力，是作物在恶劣的盐碱胁迫环境中的生存能力，其结果可用于判定供试材料对指定逆境下的潜在的或实际的利用价值。农业耐盐碱能力是指作物在盐碱条件下产量的生产能力，是判定在特定逆境条件下供试品种生产性能优劣的依据。土壤盐碱化是作物高产稳产的主要限制因素。近年来，人们在盐碱土壤改良和生产栽培措施调控等方面取得了较多成果，使土壤生产潜力获得不断发挥，作物单位面积产量明显提高。随着经济的发展，单靠土壤改良、栽培方法等生产措施已不能满足日益扩大盐碱面积的生产要求，大力提高作物品种的耐盐碱性才是推动作物生产稳定发展的最有效的措施之一。不同作物在苗期的耐盐碱能力有很大的差别，根据资料显示常见作物苗期耐盐碱能力由强到弱排序：草木榉、红花、油菜、甜菜、春小麦、棉花、冬小麦、高粱、玉米、水稻、大豆和马铃薯。中国的盐碱土地和沿海区域面积巨大，地下咸水和海水也十分丰富。充分利用这些资源，培育和引进耐盐作物及其品种，发展耐盐相关产业，促进粮食生产、提高农民收入，对于中国农业的现代化具有重大意义。

80. 盐生植物栽培的原则是什么？

我国目前约有 1 亿 hm² 的盐碱地，与一般的绿地不同，盐碱地区植物的栽培和生长受到土壤环境影响较大。通过在盐碱地区引种有经济价值的盐生植物可以起到减少水分蒸发，抑制盐分上升，防止土壤返盐的作用。盐生植物栽培需要注意几个原则。

(1) 适应环境　在重度盐碱土壤中种植专性盐生植物，通过这些植物的聚盐作用可以有效吸收盐碱地中的盐分，从而降低土壤中的含盐量。在中度盐碱土壤上利用泌盐植物可以将盐分通过植物茎叶泌盐腺排出体外或分泌到贮盐细胞中，起到土壤脱盐的作用。在较重的盐碱地上，可选择耐盐碱强的田菁、紫穗槐等；轻至中度盐碱地可以种植草木樨、紫花苜蓿、苕子、黑麦草等；盐碱威胁不大的地，则可种植豌豆、蚕豆、金花菜、紫云英等。种植水稻洗盐，也可种植玉米或一些绿肥作物吸收盐分。

(2) 适时移栽　在盐碱地区可考虑秋季栽植的方法，秋季栽植时盐碱地土壤脱盐之后其含盐量要比春季低很多，而且水分条件也比春季时期好，植物栽植后土壤会立即封冻，不容易出现春季时期的返盐现象。而且秋季土地的温度要比春季高，植物栽植后容易发新根，到了翌年早春时节根系发育之后便可以提高树木的成活率。

(3) 保持土壤通透性　新栽植的盐生植物可适当增加掩埋的土壤，这样可以让土层部分厚实，降低地下水位，从而提高土壤的通透性。通常在栽种灌木、乔木时可抬高 200 mm 左右的高度，种植草坪时则可适当抬高 100 mm 左右的高度，至少要保证树坑和栽植区的高度不能低于原地面的土壤高度，以避免出现积水和返盐的现象。

（4）**合理灌溉** 盐碱地的灌溉制度的制定首先需要安排的就是冲洗淋盐，将土壤中的盐分淋洗出去或压到土壤底层，以满足作物生长的需要。另外，盐碱地的灌溉要讲究淡盐区构建技术。

（5）**配合施肥** 无机肥料配合有机肥料既可以补充多种营养，又可以降低土壤溶液浓度，减轻由于施用化肥而引起的盐碱危害。施肥要注意多次少量施用，以免土壤溶液浓度骤然升高，影响作物吸收养分和正常生长。

81. 绿肥改良盐碱土的原理是什么？

绿肥是指利用植物生长过程中所产生的全部或部分绿色体，直接或异地翻压或者经堆沤后施用到土地中作肥料的绿色植物体。在中度盐碱土上种植田菁、沙打旺、紫花苜蓿、豆科绿肥牧草等豆科和禾本科绿肥进行盐土改良，不仅可以富集深层盐碱土壤中的养分，而且还可以通过根瘤菌固定空气中的氮素，提升盐碱土肥力。绿肥改良盐碱地的原理主要如下。

（1）**可作为"生物泵"带走土壤中的盐分，并通过收割实现盐分的转移** 由于耐盐绿肥对土壤盐分的大量吸收和体内累积作用，土壤中一部分盐分被植物吸收后，通过收割带走和去除盐分，不同耐盐绿肥带走盐分含量不同。

（2）**减少土面蒸发、降低地下水位防止地面返盐** 在盐碱土上种植耐盐绿肥，将裸露的土壤覆盖起来，以植物蒸腾代替土壤蒸发，减少了土壤蒸发量，降低了土壤的积盐速度，减少了盐分在耕层的累积。此外，由于植物吸收和水分淋洗作用，耕层土壤中盐分越来越少，数年后，耕作层的盐分含量可以达到一般农作物的耐盐水平。

（3）**改善土壤物理性状**

① 能降低土壤容重与 pH。翻压绿肥后，会降低土壤容重，且降低程度与绿肥翻压量呈正相关关系；在土壤 pH 方面，pH 降低程度也与绿肥翻压量呈正相关关系。

② 提高土壤养分含量。绿肥本身作为一种绿色植物，它本身

就含量大量的有机质，而土壤中的有机质是土壤中养分的主要来源。绿肥翻压后土壤有机质含量比翻压前有所增加，并且其含量随着绿肥翻压量的增加而增加。

（4）改良土壤微生物环境　翻埋绿肥以及种植绿肥作物，根系的胞外分泌物不仅直接增加了土壤有关酶类，还提供了多种容易被根际微生物利用的营养和能源物质，从而增加了土壤微生物和酶类的活性。一般 C/N 小、木质素含量低的绿肥更有利于激发土壤的生物活性。

（5）增加土壤中可溶性 Ca^{2+}含量　具体原理见问题 77。

第六章 化学改良盐碱土及改良剂

82. 化学改良盐碱土都有哪些手段？

化学改良盐碱地的化学改良主要是指向土壤中加入化学物质，以达到降低土壤 pH、碱化度以及改善土壤结构的目的。主要的化学改良剂包括石膏、磷石膏、脱硫石膏、硫黄、腐殖酸、糠醛渣等物质。改良剂主要是通过离子交换作用及化学作用，降低土壤的交换性 Na^+ 的饱和度和盐碱度；或者通过改善土壤理化性状，改变土壤盐分运动状况，促进土壤脱盐，抑制土壤返盐，中和土壤碱度，从而减轻盐分对作物的危害，以及增加植物生长所需的养分，提高作物产量，从而达到改良盐碱的目的。化学改良盐碱土壤主要有两方面作用：一是凝聚土壤颗粒，改善土壤结构。很多改良剂有膨胀性、分散性、黏着性等，能够使因盐碱而分散的土壤颗粒聚结从而改变土壤的孔隙度，提高土壤通透性，达到改善土壤结构的目的。二是置换土壤 Na^+，促进盐分淋洗。改良剂本身带有或者发生化学反应产生的离子能够置换 Na^+，促进盐分淋洗。也有的采用酸性改良剂可以直接中和土壤中的碱，并且溶解 $CaCO_3$，释放 Ca^{2+} 以置换土壤中的 Na^+。

现在的盐碱土改良剂主要有以下三类物质：①含钙物质，如石膏、磷石膏、石灰等，主要以 Ca^{2+} 代换 Na^+ 为改良机理；②酸性物质，如硫酸及其酸性盐类、磷酸及其酸性盐类，主要以中和碱为改良机理；③有机类改良剂，如传统的腐殖质类（草炭、风化煤、绿肥、有机物料）、工业合成改良剂（如施地佳、土壤改碱剂 CLS、禾康、聚马来酸酐和聚丙烯酸等）、工农业废弃物等。

83. 什么是土壤改良剂？

土壤改良剂又称为土壤调理剂，是一种主要用于改良土壤的物理、化学和生物性质，使其更适宜于植物生长，而不是主要提供植物养分的物料。其特点主要有：①它是一种坚硬的连续多孔构造的团粒结构体，可改良土壤理化特性；②增加土壤通透性和保水、保肥等特性；③其吸附性能很强，具有很强的吸附水、气的能力，可做各种复合肥料、复混肥料成分的保持剂，又是防止化学肥料结块的分散剂；④具有各种多元框架构造，阳离子交换能力强；⑤改良土壤周期短。

土壤改良剂种类繁多，不同的改良剂由于制作原料不同，其作用各不相同，主要表现在以下几个方面。

（1）改善土壤结构，提高水分入渗速率，增加饱和导水率　有机物土壤改良剂（如农家肥、燕麦绿肥、城市污水污泥）和无机物土壤改良剂（如煤粉灰）施入土壤后，能够明显改变土壤团粒结构，增大土壤孔隙度，减小土壤容重，提高水分入渗速率，增加饱和导水率。

（2）保蓄水分，减少蒸发，提高土壤有效水含量　有机物复合肥（如用麦糠、咖啡渣、锯屑、鸡粪混合的改良剂）和无机物改良剂（煤粉灰、沸石、膨润土等）改良土壤时，由于麦糠、咖啡渣、锯屑等物质可以有效阻止阳光透射，减少了水分蒸发，阻止水分过度渗透，保蓄了水分，使土壤有效水含量增加。

（3）增加土壤抗水蚀能力　高分子聚合物土壤改良剂改良土壤时，土壤水稳性团粒含量会有明显增加，使土壤具有良好的孔隙度、持水性和透水性等，透水性增加使土壤利用有效水资源扩大，水土流失相应减少，从而增加土壤抗水蚀能力。

（4）提高土壤中离子交换率，改良盐碱地，缓冲pH，吸附重金属　无机物土壤改良剂（如沸石、膨润土、蛭石、斑脱土）施入土壤后，可以有效改善土壤结构，增加了土壤中的阳离子，土壤中原有的重金属有些被交换吸附，有些被固定，土壤中的氢离子也由于交换吸附从而降低了浓度。

（5）增加土壤微生物数量和活性，提高酶的活性　土壤中微生物对植物起着非常关键的作用，而微生物靠有机碳才能生长，所以施加有机碳土壤改良剂可以增加土壤微生物数量和活性，提高酶的活性。

（6）提高土壤温度　用沥青乳剂作为土壤改良剂可明显提高地温。

（7）减少土壤病害传播　用有机物土壤改良剂改良土壤时可以增加土壤微生物活性和数量及酶的活性从而抑制真菌类、细菌、放线菌活动，使土壤病害传播大大减少。

（8）增加土壤肥力、减少化肥用量　无论是有机土壤改良剂还是无机土壤改良剂，由于它们本身含有大量的微量元素和有机物质，这些物质都是植物生长所必需的。

（9）增加作物产量和提高作物质量　大部分土壤改良剂都可以增加作物产量，提高作物质量主要体现在降低了有毒元素富集。

84. 土壤改良剂有哪些？

土壤改良剂来源较多，成分复杂，大致可根据其来源、性质、用途进行分类。

（1）按土壤改良剂性质来分　酸性土壤改良剂、碱性土壤改良剂、营养型土壤改良剂、有机物土壤改良剂、无机物土壤改良剂、防治土传病害的土壤改良剂、微生物土壤改良剂、豆科绿肥土壤改良剂、生物制剂土壤改良剂等。

（2）按用途来分　防止土壤退化的土壤改良剂、防治土壤侵蚀的土壤改良剂、降低土壤重金属污染的土壤改良剂、贫瘠地开发的土壤改良剂、盐碱地改良的土壤改良剂。

（3）按原料来源分

① 矿物类，如泥炭、褐煤、风化煤、石灰、石膏、蛭石、沸石、珍珠岩和海泡石等；② 天然和半合成水溶性高分子类，主要有秸秆类和多糖类纤维素物料、木质素物料和树脂胶物质；③ 人工合成高分子类，主要有聚丙烯酸类、醋酸乙烯马来酸类和聚乙烯醇类；④ 有益微生物制剂类，如海藻提取物，腐殖酸肥等。

85. 盐碱土改良剂有哪些?

盐碱土改良剂根据其组成成分，大体可以分为含钙制剂、酸性物质、有机质和其他材料 4 大类。

(1) 含钙物质　如石膏、磷石膏、石灰等，主要以 Ca^{2+} 代换 Na^+ 为改良机理。十九世纪末，美国土壤学家 Hilgad 就开始指导人们利用石膏改良盐碱土，并建立了两个化学方程式：$Na_2CO_3 + CaSO_4 = CaCO_3 + Na_2SO_4$ 和 $NaHCO_3 + CaSO_4 = Ca(HCO_3)_2 + Na_2SO_4$；1912 年以后，俄国土壤学家盖得罗依兹肯定了石膏改良苏打盐碱化与碱化土壤的重要作用，并建立石膏改良碱化土壤的第三个化学方程式：$2Na^+ + CaSO_4 = Ca^{2+} + Na_2SO_4$。1953 年苏联土壤学家安基波夫卡拉塔耶夫确定了碱化土壤的碱化度变化的界限。土壤中 Ca^{2+} 的活度增加，可交换出吸附于土壤胶体中的 Na^+，使 Na^+ 随水流转移，从而消除土壤的碱性来源，改善土壤性状，另外 Ca^{2+} 的增加可以降低土壤的碱化度。

(2) 酸性物质　如硫酸及其酸性盐类、磷酸及其酸性盐类，主要以中和碱为改良机理。酸性物质施入土壤能够降低盐碱土的 pH，土壤 pH 降低有利于钙质土中的钙镁溶解和提高土壤中有效钙镁的含量，为代换土壤中的交换性钠提供了 Ca^{2+} 源。溶解的钙镁与土壤中的 Na^+ 发生反应，使 Na^+ 被钙镁代换下交换位，土壤的 ESP 和 SAR（钠吸附比）降低，从而使土壤的入渗率提高，增加了水分进入盐碱土的量。随着 Ca^{2+}、Mg^{2+} 代换 Na^+ 进入代换位和入渗水的增加，Ca^{2+} 的溶解量和 Na^+ 的淋失量逐渐增加，土壤的结构和理化性质得到改善，盐碱土逐步得到改良。同时，磷酸脲提高土壤中 Ca^{2+}、Mg^{2+} 浓度，降低 Na^+ 浓度，从而改善土壤中的离子平衡，降低 Na^+ 对植物的毒害，促进作物在盐碱土上的生长。

(3) 有机类改良剂（包括有机酸）　如传统的腐殖质类（草炭、风化煤、绿肥、有机物料）、工业合成改良剂（如土壤改碱剂 CLS、施地佳、禾康、聚马来酸酐和聚丙烯酸等）、工农业废弃物等。盐碱化土壤大多缺乏有机质，导致其保水、保肥能力较弱，易板结硬化。在盐碱化土壤中添加有机质，可以黏结土壤细颗粒，形成良好的团粒结构，改善土壤理化性质。此外，有机质还能够为盐碱土壤增加养分，促进植物生长，增强植物的抗逆性，使植物在极端环境下更易成活。草炭、沼渣、秸秆等是在盐碱土改良时应用较为广泛的有机物。在盐碱土壤施用液态或半固态有机肥（沼液、沼渣等），可以形成土表薄壳，不仅能够缓解土壤侵蚀、减少水分蒸发，还能为土壤带来丰富的微生物群。微生物代谢产生的有机酸可以降低土壤碱度，小型腐生生物的活动可以疏松土壤，改善土壤团粒结构，降低土壤盐分含量。如果将秸秆、枯叶等有机物直接施用在盐碱土表面，在增加土壤有机质含量的同时，还能够起到隔绝热量传递、稳定土表温度、减少土壤水分蒸发、抑制盐分上升的作用。此外，有机覆盖物还可以缓解雨水冲刷，防止水土流失，提高盐的下渗淋洗效率。

（4）其他材料 除了上述传统的土壤改良剂，近年来，许多新的材料（包括一些工业废弃物）被应用于盐碱土改良研究，包括沸石、粉煤灰、硫酸铝、生物炭等。

① 沸石具有良好的吸附、解吸特性，将其施用于盐碱土中，可增强土壤中 Na^+ 的迁移能力，促进灌溉和降水对土壤的盐分淋洗作用。同时，沸石可减缓氮、磷、钾肥的释放速率，减少淋洗损失，从而提高肥料利用率。

② 硫酸铝与石膏相比，其溶解性、溶液酸性都要大于石膏，其对碱性土壤 pH 的降低效果更显著。在松嫩平原盐碱土施用以硫酸铝为主的复合肥料，可以达到较好的改良效果，土壤碱化度、交换性 Na^+ 含量与硫酸铝施用量呈负相关关系。

③ 粉煤灰是燃煤发电或供暖过程中大量产生的一种废弃物，其特点是疏松多孔，沙性好，具有一定的吸附效果。将其添加于盐碱土中可以降低土壤容重和黏性，增强透气、透水性能，可以克服盐碱土易板结的问题。

④ 生物炭是生物质在缺氧条件下高温裂解的固体产物，有巨

大的比表面积和良好的吸附性能。将生物炭施用于土壤后可提高土壤持水能力，为土壤微生物提供良好的生长环境，并可改善土壤性状。

86. 土壤改良剂改良土壤的主要原理是什么？

土壤是陆生植物生长的载体，植物生长所需的90％以上物质是从土壤中获得的，植物生长的好坏直接由土壤的特性决定。而土壤的特性包括土壤结构、土壤含水量、土壤温度、土壤酶的活性、土壤微生物数量、土壤通气状况、土壤溶液浓度、土壤氢离子浓度。土壤改良剂的类型不同，对土壤的作用机制也有所不同。各种土壤改良剂都是通过有效改善土壤物理结构，降低土壤容重，增加土壤含水量，改变土壤化学性质，加强土壤微生物活动，提高酶的活性，增加土壤微量元素含量，调节土壤水、肥、气、热状况中的某些部分或全部，最终达到提高土壤肥力的效果。

（1）土壤改良剂能够改变土壤物理性状 增加土壤总空隙度，减小土壤容重，增大田间持水量，土壤毛管空隙、非毛管空隙和通气度都增加。

（2）土壤改良剂能够改变土壤化学性状 增加土壤有机质，全氮、水解氮、速效磷、速效钾都会增加，酸性提高。

（3）提高土壤中酶的活性 如大分子量的阴离子型线性 PAN 能作为土壤微生物的氮源，使水解小分子量的酰胺酶活性有所提高。

（4）土壤改良剂对土壤微生物的影响 增加土壤微生物数量和种类及提高土壤微生物活性。

（5）土壤改良剂对土壤矿物质的影响 加速洗盐排碱过程，改变吸收性盐基成分，增加盐基代换容量，调节土壤酸碱度，迅速解除盐分对植物的毒害作用。

（6）土壤改良剂对土壤中肥料的影响 保持土壤具有肥料作用的盐基，防止作为肥料的盐基被固定，提高土壤保肥性能。

（7）土壤改良剂对土壤温度的影响 通过改善土壤团粒结构，有效提高土壤温度。

(8) 土壤改良剂对土壤水的影响 通过影响土壤水势，从而影响作物对水分的吸收利用。

87. 石膏（包括脱硫石膏）改良盐碱土的机理是什么？

石膏是单斜晶系矿物，是主要化学成分为硫酸钙（$CaSO_4$）的水合物。脱硫石膏又称排烟脱硫石膏、硫石膏或 FGD 石膏，主要成分和天然石膏一样，为二水硫酸钙（$CaSO_4 \cdot 2H_2O$），含量≥93%。利用脱硫石膏改良碱土是我国改良碱土的重要措施之一。脱硫石膏作为一种化学改良剂，能够有效改良碱土，并且不影响土壤中重金属的含量。利用脱硫石膏溶解后的钙离子与土壤中的碱性物质进行反应，降低土壤的碱化度，改良土壤理化性质，也就是利用其中的钙代换出土壤中的代换性钠，或利用生成的酸中和土壤的碱性，达到改良的目的。另外，脱硫石膏中还含有大量的微量和常量营养元素，可以改善土壤的肥力状况。土壤中主要的碱性物质有交换性钠、碳酸钠和重碳酸钠。石膏改良盐碱土的反应的化学方程式为：

$$CaSO_4 + 2Na^+ \rightarrow Ca^{2+} + Na_2SO_4$$

$$CaSO_4 + N_2CO_3 \rightarrow Na_2SO_4 + CaCO_3$$

$$CaSO_4 + NaHCO_3 \rightarrow Na_2SO_4 + Ca(HCO_3)_2$$

这三个方程式也为石膏改良碱土石膏用量提供了依据。改良碱土的碱性物质转换为无害盐类后，根据"盐随水走"的水盐运行规律灌水使得土壤的无害盐类排出，使碱土改良取得显著效果。

88. 磷石膏改良盐碱土的机理是什么？

磷石膏是指在磷酸生产中用硫酸处理磷矿时产生的固体废渣，其主要成分为硫酸钙。磷石膏主要成分为 $CaSO_4 \cdot 2H_2O$，此外还含有多种其他杂质。同时，生产过程中，溶液中的 HPO_4^{2-} 取代石膏晶格中部分 SO_4^{2-}。磷石膏一般呈粉状，外观一般是灰白、灰黄、浅绿等色，还含有有机磷、硫氟类化合物。磷石膏改良盐碱地的机理包括两方面。

(1) 磷石膏改良盐土的机理 盐化土壤中危害农作物生长的主

要成分是氯化钠和硫酸钠。盐化土壤中的钠离子过高，造成土壤板结、透气透水性差。施用磷石膏可增加土壤中钙离子，耕层土壤胶体吸附钙离子后，钠离子被排除，在排灌条件下，使土壤盐分减少，于是土壤形成团粒结构，透气透水性变好，农作物根系容易生长，从而有利于增产。

（2）磷石膏改良碱土的机理　碱化土壤含碳酸钠和碳酸氢钠比较高，土壤 pH 一般在 8.8 以上，有时候甚至高达 10，几乎所有农作物都无法生长。磷石膏改良碱化土壤主要是利用其中的钙离子和土壤中游离的碳酸氢钠、碳酸钠作用，生成碳酸氢钙、磷酸钙和易溶于水的硫酸铝，再通过灌溉洗盐，随水淋洗掉，从而消除耕层土壤的碱性，达到改良土壤的目的。总之，磷石膏改良盐碱地的影响包括以下几个方面：①改善了土壤结构，土壤容重有所下降；②提高了孔隙度，增强了渗透性；③土壤 pH 下降；④土壤盐分组成趋向优化，ESP 下降；⑤土壤中的养分增加。

89. 石灰改良盐渍土的机理是什么？

石灰是一种以氧化钙为主要成分的气硬性无机胶凝材料；用石灰石、白云石、白垩、贝壳等碳酸钙含量高的原料，经 900～1 100 ℃ 煅烧而成；具有较强的碱性。石灰有生石灰和熟石灰（即硝石灰），按其氧化镁含量（以 5％为限）又可分为钙质石灰和镁质石灰。生石灰是将以含碳酸钙为主的天然岩石，在高温下煅烧而得，其主要成分为氧化钙（CaO）。生石灰与水作用生成熟石灰（$Ca(OH)_2$）的过程，称为熟化。经沉淀除去多余的水分得到的膏状物即为石灰膏。也可将每半米高的生石灰块，淋上适当的水（生石灰量的60％～80％），经熟化得到的粉状物称为消石灰粉。石灰加入盐渍土中后，由于石灰与土壤的相互作用，使土壤的性质得到改善。在初期，主要表现在土壤的结团、塑性降低、最佳含水率的增大和最大干密度的减少等；在后期，由于结晶结构的形成，提高了石灰改良盐渍土的板体性、强度和耐久性。土壤是许多颗粒（包括黏土胶体颗粒）组成的分散体系，而盐渍土的三相组成与一般土不同，它的化学组成和矿物成分更加复杂。所以石灰加入土中后，除了产生物理吸附作用外，还要产生复杂的物理化学反应，作用的程度与外界因素（湿度、温度、盐分等）有关。一般认为，石灰加入盐渍土中后，主要发生以下反应。

(1) 石灰的水化反应 生石灰与土壤中的水分发生水化反应生成熟石灰。

(2) 离子交换反应 石灰在土壤中的水分的作用下离解出 Ca^{2+} 和 OH^-，Ca^{2+} 可与 K^+、Na^+ 和 H^+ 发生离子交换。

(3) $Ca(OH)_2$ 的结晶反应 结晶反应是指水分逐步被 $Ca(OH)_2$ 胶结而形成晶体的过程，所生成的 $Ca(OH)_2$ 晶体相互联结，并与土粒结合形成共晶体，这样就把土粒胶结成为一个整体。$Ca(OH)_2$ 晶体的溶解度是不定形 $Ca(OH)_2$ 的一半，所以提高了石灰改良土的水稳性。

(4) $Ca(OH)_2$ 的碳酸化反应 碳酸化反应是指 $Ca(OH)_2$ 与空气中的 CO_2 发生化学反应生成 $CaCO_3$ 的过程。

(5) 火山灰反应 指土壤中的活性硅铝矿物在石灰的碱性激发下分解，在水的参与下与 $Ca(OH)_2$ 反应生成含水硅酸钙和硅酸铝等化合物的过程。另外，石灰能够通过增加土壤中游离钙离子（Ca^{2+}）的含量而改善土壤性状。含钙制剂能为土壤直接提供 Ca^{2+}，土壤中 Ca^{2+} 的活度增加，可交换出吸附于土壤胶体中的 Na^+，使 Na^+ 随水流转移，从而消除土壤的碱性来源，改善土壤性状。但是施用石灰主要是提高土壤 pH，促使土壤中多数微量元素形成氢氧化物或碳酸盐沉淀。在低石灰水平下，土壤有机质的羟基和羧基与 OH^- 反应，促使土壤可变电荷增加，有机结合态的重金属及微量元素增多，并且阳离子与 CO_3^{2-} 结合生成难溶于水的碳酸盐。因此，如果条件允许的情况下，石灰在土壤改良尤其是碱土改良中需要慎用。

90. 酸性物质改良盐碱土的机理是什么？

酸是指溶解于水时释放出的阳离子全部是氢离子的化合物。酸性物质根据国际纯粹与应用化学联合会的定义，能够提供氢质子或者能够接受一个电子对的物质，称之为酸性物质。根据经典酸碱理论和路易斯酸碱理论主要有两类酸：①经典酸碱理论认为，能够提供氢质子的物质，称之为酸，如硫酸、盐酸等；②路易斯酸碱理论认为，能够接受一个电子对的物质，称之为酸，如三氯化铈、三氯化铁、氯化镁等。在第一类酸中，又有很多种分类方式，比如根据物质特性分为有机酸、无机酸；根据物质能够提供质子的多少分为一元酸、二元酸、三元酸、多元酸等；根据物质的酸性强弱分为强酸、弱酸。盐碱地改良中应用的酸性物质，如硫酸及其酸性盐类、磷酸及其酸性盐类，主要以中和碱及活化钙为改良机理。

酸性物质施入土壤能够降低盐碱土的 pH，土壤 pH 降低有利于钙质土中的钙、镁溶解和提高土壤中有效钙、镁的含量，为代换土壤中的交换性钠提供了 Ca^{2+} 源。溶解的钙、镁与土壤中的 Na^+ 发生反应，使 Na^+ 被钙、镁代换下交换位，土壤的 ESP 和 SAR（钠吸附比）降低，从而使土壤的入渗率提高，增加了水分进入盐碱土的量。随着 Ca^{2+}、Mg^{2+} 代换 Na^+ 进入代换位和入渗水的增加，Ca^{2+} 的溶解量和 Na^+ 的淋失量逐渐增加，土壤的结构和理化性质得到改善，盐碱土逐步得到改良。同时，磷酸脲提高土壤中 Ca^{2+}、Mg^{2+} 浓度，降低 Na^+ 浓度，从而改善土壤中的离子平衡，降低钠离子对植物的毒害，促进作物在盐碱土上的生长。但是需要注意的是，土壤酸化后会引发土壤重金属离子的活化及其在作物中的富集作用。

91. 磷酸脲改良盐碱土的机理是什么？

磷酸脲 [$CO(NH_2)_2 \cdot H_3PO_4$]，又称为尿素磷酸盐或者磷酸尿素，是由等摩尔的磷酸和尿素反应生成的一种具有氨基酸结构的磷酸复盐。磷酸脲是一种无色透明棱柱状晶体，该晶体呈平行层状结构；它的分子量为 158.06，密度为 1.74 g/cm³，熔点为 115～117℃，含氮（N）17.7%，含磷（P_2O_5）44.9%，1%水溶液的 pH 为 1.89。磷酸脲 1%水溶液的 pH 为 1.89，同时磷酸脲还是一种入土即解离为尿素和磷酸，并放出少量 CO_2 和 NH_3 的不稳定络合物。磷酸脲作为酸性络合氮磷复合肥及盐碱土改良剂使用，不仅可以增加土壤中的氢离子，降低土壤的 pH，从而增加钙镁等碳酸盐及氢氧化物沉淀的溶解，增加其有效性，还能够通过以下反应增加其在土壤中的活性（以钙离子为例）：

$$CO(NH_2)_2 \cdot H_3PO_4 + CaCO_3 \rightarrow CO(NH_2)_2 \cdot CaHPO_4 + H_2O + CO_2$$

$$或 \ CO(NH_2)_2 \cdot H_3PO_4 + CaCO_3 \rightarrow CO(NH_2)_2 \cdot CaH_4(PO_4)_2 + H_2O + CO_2$$

$CO(NH_2)_2 \cdot CaHPO_2$ 和 $CO(NH_2)_2 \cdot CaH_4(PO_4)_2$ 等脲化过磷酸盐和脲化磷酸盐均是可溶性的。土壤中有效钙离子浓度增加，钙离子将与土壤胶体所吸附的 Na^+ 以及游离的碳酸钠、碳酸氢钠作用，使原来胶体上吸附的 Na^+ 等离子进入土壤溶液中，再通过降雨及灌溉洗盐等方式淋洗掉，从而消除耕层土壤的盐碱性，改良土壤的理化性状。所以磷酸脲作为肥料及盐碱土改良剂施入土壤，将能够有效降低土体或者土壤微区的 pH，改变土壤酸碱平衡，从而起到改善土壤理化性质、改良土壤结构、促进作物生长等作用。

92. 硫酸铝改良盐碱土的机理是什么？

硫酸铝为白色斜方晶系结晶粉末，密度 1.69 g/ml。工业品为灰白色片状、粒状或块状，因含低铁盐带淡绿色，又因低价铁盐被氧化而使表面发黄。粗品为灰白色细晶结构多孔状物。在造纸工业中作为松香胶、蜡乳液等胶料的沉淀剂，水处理中作絮凝剂，还可作泡沫灭火器的内留剂，制造明矾、铝白的原料，石油脱色、脱臭剂，某些药物的原料等。水解产物有碱式盐和氢氧化铝的胶状沉淀。容易跟钾、钠、铵的盐结合形成矾，如硫酸铝钾、硫酸铝钠等。硫酸铝施入土壤后，Al^{3+} 发生水解作用，生成单体铝或多聚体铝，产生大量的 H^+ 中和土壤中的 OH^-，从而使土壤的 pH 降低，并促进了土壤中碳酸盐的溶解，使交换性 Ca^{2+}、Mg^{2+} 等二价阳离子与 Na^+ 产生交换作用，降低了土壤的碱化度；同时，硫酸铝水解后生成的单体铝或多聚体铝离子促进了土壤胶体凝聚和微团聚体的形成，从而改善了土壤的结构性，降低了土壤容重，增加了土壤孔隙度和膨胀度，增强了土壤的渗透性能及持水能力，提高了土壤的保水保肥性能，为盐分淋洗与作物生长创造了良好的土壤环境。

硫酸铝对盐碱土的改良作用主要包括两方面。

（1）硫酸铝对盐碱土物理性质的改良作用

① 硫酸铝对盐碱土胶体的凝聚作用。随硫酸铝用量的增加，水土界面分化越来越明显，沉淀土壤胶体的体积越来越小，硫酸铝对盐碱土胶体凝聚作用十分显著。

② 硫酸铝对盐碱土微团聚体组成的影响。硫酸铝施用能促进较小粒径微团聚体向较大粒径微团聚体的团聚。

③ 硫酸铝对土壤容重、孔隙度及膨胀度的影响。由于硫酸铝的施用改善了土壤的微团聚体组成，进而使土壤结构状况得到了明显改善。

④ 硫酸铝对盐碱土渗透性与持水特性的影响。随硫酸铝用量的增加，相同时段内，土壤水分渗透速率逐渐增大，透水性增强；土壤的吸水量逐渐增加，达最大吸水量时所需的时间相应缩短；土壤的吸水速度加快；毛管水上升高度及上升速度增大。

（2）硫酸铝对苏打盐碱土化学性质的改良作用

① 硫酸铝对土壤 pH 的改良作用。添加硫酸铝后，水层与土层 pH 均呈下降趋势，并且土层随深度的增加而 pH 降低。

② 添加硫酸铝对水田土壤可溶性盐组成的影响。施用硫酸铝土壤中可溶性盐组成类型发生了转化：由苏打型转化为苏打—硫酸盐型、硫酸盐型。

93. 有机类改良剂有哪些？

有机类改良剂包括有机酸，如传统的腐殖质类（草炭、风化煤、绿肥、有机物料）、工业合成改良剂（如土壤改碱剂 CLS、施地佳、禾康、聚马来酸酐和聚丙烯酸等）、工农业废弃物等。盐碱化土壤大多缺乏有机质，导致其保水、保肥能力较弱，易板结硬化。在盐碱化土壤中添加有机质，可以黏结土壤细颗粒，形成良好的团粒结构，改善土壤理化性质。有机类改良剂主要分为有机废弃物、腐殖质类改良剂和合成土壤改良剂。

(1) 有机废弃物　有机废弃物就是指在生产、生活和其他活动中产生的丧失原有利用价值或者虽未丧失利用价值但被抛弃或者放弃的固态、液态或者气态的有机类物品和物质。根据形态划分，有机废弃物主要包括有机固体废弃物、有机废水和有机废气；根据来源划分为，农业有机废弃物（主要包括农作物秸秆藤蔓、畜禽粪便和水产废弃物等）、工业有机废弃物（主要包括高浓度有机废水、有机废渣等）、市政有机垃圾（主要包括园林绿化废弃物、市政污泥、屠宰厂动物内含物、餐厨垃圾等）三大类。农业有机废弃物主要包括：植物性来源有机废弃物、动物性来源废弃物、农副加工业产生的有机废弃物（甘蔗渣、土豆渣、甜菜渣、肉食加工工业产生的屠宰污血等废弃物）等。工业有机废弃物指在工业生产中排出的含有有机质成分的固态、液态及气态废弃物的统称。在我国，工业有机废弃物普遍存在于诸如化工、医药化工、精细化工、机械加工、维修、资源开采等关系国计民生的多个工业生产领域，每年排放出大量的各类有机废弃物。盐碱地改良常用的工农业有机废弃物包括禽畜粪便、作物秸秆、农副加工业产生的有机废物等。

(2) 腐殖质类改良剂　以泥炭、褐煤、风化煤为原料制成褐腐酸钠或褐腐酸钾，以及工农业副产物微生物发酵的生化黄腐酸类。它们是一大类多环稠环有机化合物，其结构与土壤腐殖质相似，具有疏松土壤、增加土温、提高土壤阴离子交换量和土壤缓冲性能等作用，并能提一定量的养分。腐殖质在土壤和沉积物中可分为三个主要部分：腐殖酸（humic acid，HA），富里酸（fulvic acid，FA）和胡敏素（humin，HM）。其中 HA 溶于碱，但不溶于水和酸；FA 既溶于碱，也溶于水和酸；而 HM 水、酸、碱都不溶。按照在溶剂中的溶解性和颜色分类，腐殖酸可分为黄腐酸、棕腐酸、黑腐酸。在早先的文献中，还有灰腐酸、褐腐酸和绿色腐殖酸的称呼，都是由不同溶剂分离出来的同一种物质。

(3) 合成改良剂　这是一类模拟天然改良剂人工合成的高分子有

机聚合物。人工合成土壤改良剂有聚丙烯酰胺、聚乙烯醇树脂、聚乙烯醇、聚乙二醇、脲醛树脂等，其中聚丙烯酰胺是研究者最为常用的人工合成土壤改良剂，其对土壤的改良作用主要表现在以下几个方面。

① 改善土壤物理性状、增强土壤的保水保土能力。

② 对肥料的吸附与释放作用。土壤中施用聚丙烯酰胺可使土壤有机质、碱解氮、速效磷和速效钾含量增加。

③ 对土壤微生物和酶活性的影响。经聚丙烯酰胺处理的土壤中微生物的生物量增加，并促进了好气性细菌的生长。

目前研究和应用的生物改良剂包括一些商业的生物控制剂、微生物接种菌、菌根、蚯蚓等，其中研究应用较多的有丛枝菌根（AM）。丛枝菌根在土壤改良的应用主要表现在以下几方面。

① 改善土壤物理性质。AM 含有丰富的菌丝体，能增加土壤有机质含量，丛枝菌根真菌根外菌丝能产生一种细胞外糖蛋白，与菌丝网一起有利于土壤团粒结构的形成，提高土壤稳定性，增强土壤通透性。

② 丛枝菌根真菌能活化土壤中矿质养分，促进植物根系对营养元素尤其是移动性较差的 P、Cu、Zn 等矿质元素的吸收。

③ 增强宿主植物的抗病性、抗逆性（抗旱、耐盐、抗酸等）。AM 能诱导植物对土传病原物产生抗病性，减轻一些土传病原真菌和胞囊线虫、根结线虫等对植物造成的危害，其机理是 AM 提高了植物的营养水平，使植株健壮。从而增强植物对病原菌的抗性。同时，AM 的根外菌丝的延伸和扩展，增大了植物根系的吸收范围和吸收能力，降低了永久凋萎点，提高了植物抗旱性和水分利用效率。此外 AM 能够通过增加植物对 P、Cu、Mg 的吸收而减少植物对 Na 和 Cl 吸收，从而提高植物耐盐能力。

94. 草炭改良盐碱土的机理是什么？

草炭即泥炭，是沼泽发育过程中的产物。草炭土形成于第四纪，由沼泽植物的残体在多水的嫌气条件下，不能完全分解堆积而成。含有大量水分和未被彻底分解的植物残体、腐殖质以及一部分矿物质。草炭土有机质含量在30%以上，质地松软易于散碎，比重0.7~1.05，多呈棕色或黑色，具有可燃性和吸气性，pH一般为5.5~6.5，呈微酸性反应，呈层状分布，称为泥炭层。草炭富含腐殖酸。腐殖酸通过吸附、交换和酸碱中和作用使盐碱土pH降低、交换性钠离子降低，进而改善土壤的理化性状，提高有机质含量，达到改良盐碱土并种植农作物的目的。

草炭对盐碱地改良的影响主要包括以下几方面。

(1) 对土壤物理性质的影响　草炭疏松土壤、改善土壤结构，草炭改土后土壤容重下降，加强了土壤的通气透水能力。

(2) 对土壤pH的影响　草炭富含有机物，在种稻、淹水条件下分解产生的有机酸及其他中间产物中和了土壤碱性，且其酸化效应大于因土壤盐分上升而引起的pH上升效应。

(3) 对土壤水溶性盐分的影响　草炭具有较大的离子交换容量，易促进土壤团聚体的形成，对土壤良好结构的形成具有积极的作用，草炭可以提高土壤渗透能力，降低了土壤的盐分含量。另外，施用草炭能够提高表层土壤的含水量，从而抑制土壤返盐。

(4) 对土壤有机碳及有效态养分含量的影响　施用有机物料由于其有机碳的腐殖化而使土壤有机碳含量上升；有机物料对土壤速效养分有良好的效应，施用草炭土壤速效氮、速效磷、速效钾均明显上升。

95. 风化煤改良盐碱土的机理是什么?

风化煤俗称"露头煤""煤逊""引煤"等，是地表或浅层的褐煤、烟煤和无烟煤长期经受大气、阳光、雨雪、地下水以及矿物质侵蚀等综合作用（通称"风化作用"）的产物。风化煤水分增加，颜色变浅，光泽变暗，挥发分增加，机械强度、黏结性、发热量、着火点都降低；元素组成发生了重大变化，氧增加，碳和氢含量减少，出现了再生腐殖酸。风化煤中的腐殖酸总含量一般在30%~70%，最高可达80%以上。我国具有非常丰富储量的风化煤，接近一半以上省（自治区）都有风化煤资源，西北、华北、东北地区蕴藏量较大，如山西、河南、新疆、内蒙古和黑龙江等。据不完全统计，山西可利用的风化煤资源大约有 80 亿 t，内蒙古自治区大约有 50 亿 t，新疆南湖煤田就有 3.5 亿 t。

风化煤具有以下特性：① 风化煤中含有大量的腐殖酸和多种含氧活性功能团，具有较强的吸附能力和离子交换能力；② 腐殖酸是一种亲水性的胶体物质，能够促进土壤团聚体结构的形成，增加土壤的通水透气性、保水性，调节土壤的酸碱性，提高土壤养分的有效性；③ 风化煤能够改善土壤物理结构，增强土壤的通透性和保水性，减少土壤水分的蒸腾；④ 风化煤中腐殖酸能够和土壤中的盐分离子进行螯合、吸附和离子交换，降低土壤盐分离子浓度，降低盐分毒害，特别是钠盐的毒害；⑤ 风化煤具有较低的 pH，呈酸性，能够有效调节土壤的 pH，使土壤环境有利于植物的生长；⑥ 风化煤中富含植物需要的各种营养成分，能够提高土壤中的有机质和微量元素的含量，促进土壤中磷的有效性。

腐殖酸可通过吸附、酸碱中和等作用使盐碱土的 pH、交换性钠离子的含量降低，以改善土壤的理化性状，提高土壤中的有机质含量，达到改良盐碱土的目的。腐殖酸中的各种官能团能以离子键的形式与 Na^+ 或 Ca^+ 等金属离子形成络合物或螯合物，降低 Na^+ 的含量。在碳酸钠含量和碱化程度很高的苏打盐土中，风化煤能够促进土壤的团粒结构的形成，增加土壤的孔隙度，降低土壤中的盐分向表层积聚。

96. 腐殖酸在盐碱土改良中的作用有哪些?

腐殖酸是动植物遗骸，主要是植物的遗骸，经过微生物的分解和转化，以及地球化学的一系列过程造成和积累起来的一类有机物质。腐殖酸大分子的基本结构是芳环和脂环，环上连有羧基、羟基、羰基、醌基、甲氧基等官能团。在农业方面，土壤有机质通常以下列几种状态存在于土壤之中：机械混合状态、生命体、溶液态（或称游离态主要包括游离单糖、游离氨基酸和游离有机酸等）、有机—无机复合体态（有机—无机复合体态有机质是土壤中与矿物质部分相结合的有机质，腐殖物质属于此类状态）。腐殖质是有机物经微生物分解转化形成的胶体物质，一般为黑色或暗棕色，是土壤有机质的主要组成部分（50％～65％）。腐殖质主要由碳、氢、氧、氮、硫、磷等营养元素组成，其主要种类有胡敏酸和富里酸（也称富丽酸）。腐殖质具有适度的黏结性，能够使黏土疏松、沙土黏结，是形成团粒结构的良好胶结剂。腐殖质根据溶解性可分为3类：胡敏酸（只溶于碱不溶于酸），富里酸（又称黄腐酸，既溶于酸又溶于碱）和胡敏素，又称腐殖素、腐黑物，酸碱都不溶），前二者合称腐殖酸，其中腐殖酸组成复杂，存在氨基、羟基、醌基、羰基和甲氧基等多种基团，与氮、磷、钾等元素结合制成的腐殖酸类肥料具有肥料增效、改良土壤、刺激作物生长、改善农产品质量等功能。腐殖酸对盐碱地改良的机理包括以下几点。

（1）**大量的官能团交换土壤阳离子降低盐分含量**　腐殖酸的酸性功能团可中和盐碱土的碱性，其对土壤耕层具有疏松作用，可在土壤中形成一个毛细管障碍层，破坏了土壤毛细管的连续性，可以破坏盐分沿土壤毛管上升，降低耕层含盐量，提高出苗率。由于腐殖酸的阳离子交换量比一般土壤高10倍以上，施入腐殖酸后，土壤对 Ca^{2+}、Mg^{2+} 的吸附能力显著提高，也相应地加速了 Na^+、Cl^- 的淋洗，从而使表层土壤盐分下降，提高作物出苗率，改良了盐碱地。

（2）**促进土壤团聚体的形成**　腐殖酸可以促进团聚体的形成，增强土壤保水保肥能力，对比较硬的土地如盐碱地，可以改善土壤的通风透气性，以改变土壤碱性强、土粒分散、土壤结构差的理化性状，改进耕作条件。腐殖酸可作为土壤团粒结构形成的黏结剂，提高了土壤有机—无机复合度，增加了土壤大粒径水稳性团聚体含量，使土壤结构得到改善，从而促使盐碱土得到改良。

（3）**降低盐碱土的pH**　腐殖酸分子结构中含有羟基和酚羟基等活性功能团，而使其具有弱酸性，而这种弱酸性结构又决定了腐殖酸具有良好的缓冲性能。长期大量施用含腐殖酸的肥料，或集中施用少量经过氧化降解的腐殖酸，可以提高土壤的缓冲能力，使土壤溶液保持一定的 pH，在一定范围内不因外界加酸、碱或稀释而改变；逐渐改善酸性土和盐碱土的理化性状，使作物在适宜的环境中生长。

（4）腐殖酸可以减低土壤表层盐分子含量 腐殖酸能够和其他辅助剂的钙、铁离子结合，促进地表 20～30 cm 的细颗粒土壤形成大颗粒团粒结构，降低了细颗粒土壤的毛细现象，大大减少了蒸发水分携带盐分到地表面和逐渐积聚形成的盐渍化，这是从源头上彻底治理盐碱地的最有效方法。

97. 有机物料改良盐碱土原理是什么？

有机物料是指来源于植物或动物，以提供作物养分为主要功效的含碳物料。有机物料主要包括农作物秸秆、畜禽粪便、生活垃圾及城市污泥等。有机物料既是作物所需的多种养分的重要给源，可以供给植物和微生物生长所需的营养元素，又可以提升土壤有机质、改善土壤结构和肥力，进而为可持续农业发展维持土壤质量。施用有机物料对盐碱地改良的原理包括以下几方面。

（1）物理性质的变化 有机物料分解过程中的某些中间产物——多糖，能将土壤矿质颗粒聚集为团聚体；不易分解的粗纤维，能疏松土壤；改变某些无机胶结物的活度等。有机物料可以提高土壤中水稳性团聚体的数量，从而改善土壤水稳性结构，促使土壤持水能力增强。主要原因在于有机物料本身的持水能力比土壤矿物质大，以及有机物料分解后腐殖化物质对土壤颗粒的团聚作用以及对土体的疏松作用，疏松的表土因降低导水率而使土壤水再分布具有更多的机会，有助于降低蒸发量。

（2）化学性质的变化 土壤水溶性 Na^+ 的增高将导致土壤胶粒的分散，使土壤理化性状恶化，而 Mg^{2+} 则有利于土壤的胶结和团聚化，通常用 Na^+/K^+、Na^+/Ca^{2+}、Na^+/Mg^{2+}、ESP 来表示它们直接的关系。有机物料可通过吸附、酸碱中和等作用使盐碱土的 pH、交换性钠离子的含量降低，以改善土壤的理化性状，提高土壤中的有机质含量，达到改良盐碱土的目的。有机物料分解产生的腐殖酸中的各种官能团能以离子键的形式与 Na^+ 或 Ca^{2+} 等金属离子形成络合物或螯合物，降低 Na^+ 的含量。交换性 Na^+ 所占的比例下降，这样有利于土壤团聚体的形成和土壤结构的稳定。

(3) 营养元素的变化 盐碱土的营养元素含量少，绝大多数表现为肥力以及耕作力的下降，向盐碱土内投加有机物料能提高土壤的肥力。施入有机物料后土壤的全氮、全磷、有机质总量都有增加，其中生物有机肥处理的增加幅度最大；施用有机物料可不同程度地增加土壤胡敏酸和富里酸的含量以及胡敏酸/富里酸的比值。主要原因是有机物料中富含植物需要的各种营养成分，能够提高土壤中的有机质和微量元素的含量，促进土壤中养分的有效性增加。

(4) 对土壤 pH 的影响 有机物料富含的有机物分解产生的有机酸及其他中间产物中和了土壤碱性，且其酸化效应大于因土壤盐分上升而引起的 pH 上升效应。有机质能提高盐碱土中乙酸、丙酸、丁酸及戊酸等脂肪酸的含量，并且以乙酸含量为最高，在适宜的条件下土壤中原有的有机物也可转化形成低分子脂肪酸在土壤中累积。

98. 工业合成改良剂有哪些？

早在 20 世纪初，西方国家就开展了利用天然高分子如腐殖酸等改良土壤结构的研究。到 20 世纪 50 年代，美国首先开发了商品名为 Krilium 的合成类高分子土壤结构改良剂。随后日本、前苏联及欧洲部分国家或引进了该产品，或开发了具有类似功能和结构的其他合成类高分子土壤改良剂。我国于 20 世纪 60～70 年代开始了土壤改良剂的研究，80 年代，人们已经对现有合成类高分子土壤改良剂有了充分的认识，并发现其中较理想的是高分子量的水溶性聚丙烯酰胺。

近年来，土壤结构改良剂的种类不断增加。高聚物土壤改良剂分类的原则很多，对于这些土壤结构改良剂，我们可以按它的原料来源和成分作如下分类。

（1）按原料来源分类

① 天然高聚物改良剂。从天然物质（泥炭、褐煤、纸浆废液等）中提取的天然高分子，包括多糖类、纤维素类、树脂胶类、腐殖酸类。

② 合成高聚物改良剂。包括均聚物改良剂和共聚物改良剂，均聚物改良剂的研究开展较早，如丙烯酸及其酰胺、酰肼和腈等衍生物的均聚物；乙烯基类聚合物，包括聚乙烯醇类、聚乙烯咪唑、聚醋酸乙烯、聚乙烯多元胺、聚环氧乙烷等；苯乙基铵盐和烯丙基铵盐的聚合物及聚苯乙烯衍生物的磺化物等。共聚物改良剂除保持均聚物改良剂的改良特性外，还表现出新的改良功效及具有多功效的特点，如丙烯酰胺—丙烯酸钠共聚物、马来酰—醋酸乙烯共聚物、丙烯酸钠—苯乙烯—醋酸乙烯共聚物、尿素—硫脲—甲醛共聚物等。

③ 天然·合成共聚物改良剂。指通过接枝聚合方法使单枝接枝到天然高聚物分子上制成的天然·合成共聚物改良剂。这类改良剂克服了天然高聚物使用持续期短和合成高聚物原料成本较高的不足，如辐射引发丙烯酰胺、丙烯腈接枝淀粉或纤维素等。

（2）按成分分类　根据土壤结构改良剂的有效成分，可作如下分类。

① 多糖类和纤维素类。藻酸钠、糊精、果胶、木质胶制剂等，醋酸纤维素，甲基纤维素，羧甲基纤维素钠盐制剂等。

② 木质素类和树脂类。棉柴胶，芦苇胶，东海木质素，硬脂酸，松香酸钠制剂等。

③ 腐殖质酸类和聚丙烯酸类。胡敏酸钠，胡敏酸钾，胡敏酸制剂，聚丙烯酸钠，聚丙烯，聚丙烯酰胺等。

④ 醋酸乙烯。马来酸类和聚乙烯醇类和四基铵盐类。

⑤ 矿物类。硅酸钠，膨润土，沸石，珠层铁等。

常用的土壤结构改良剂主要有以下种类。

（1）氨基酸　氨基酸作为螯合剂，其稳定常数适中，可以与多种养分螯合，氨基酸螯合的钙、镁、锌、铁、锰、铜、硼、钼产品都有面世。氨基酸本身也是一种小分子有机氮肥，可以直接被植物吸收利用，具有增产和提高品质的作用。

(2) **EDTA** 中文名乙二胺四乙酸二钠，是一种应用最广泛的螯合剂，螯合性能优越。但 EDTA 价格较高，不能被植物吸收且难以降解，最终将会转化成土壤有机污染物。

(3) **糖醇螯合剂** 主要成分是糖醇物质，如甘露糖醇、山梨糖醇、木糖醇、丙三醇等。与氨基酸螯合剂相似，糖醇对植物本身也有一定的有益作用。糖醇在植物体内可以作为渗透调节物质，增加植物的抗逆性。糖醇可以螯合铁、钙、锌、锰、镁、铜、钼、硼、硅、硒、钴、钛、稀土等诸多元素，应用较多的有糖醇螯合钙肥和糖醇螯合硼肥。

(4) **腐殖酸** 腐殖酸也有一定的螯合能力，并且我国腐殖酸储量丰富，腐殖酸具有刺激植物生长尤其是根系生长的作用。但腐殖酸分子量大，螯合能力差，螯合率低。腐殖物质与重金属离子具有强烈的络合作用，但其稳定性较差。金属螯合能力递减的顺序为：Fe^{3+}、Cu^{2+}、Zn^{2+}、Fe^{2+}、Mn^{2+}、Ca^{2+}、Mg^{2+}，所以腐殖酸螯合微肥较少，常见的有黄腐酸铁。

(5) **聚丙烯酰胺** 它是一种高分子聚合物，是由 R 射线高能辐射引发聚合而成，呈白色细沙状粉末或无色透明胶体，水溶性好，不溶于大多数有机溶剂，具有良好的絮凝性。它能和水中悬浮颗粒相结合，使这些颗粒迅速地和水分离，从而使水得到澄清。

(6) **糠醛渣** 它是生物质废弃物中的一种，由农副产品经水解得到的一种化工原料糠醛（又名呋喃甲醛）后的废产品。糠醛渣是有机废料，具有酸性，所以在改良盐碱土壤方面有很重要的应用。

(7) **多聚糖** 一种水溶性天然土壤结构改良剂，它是从瓜尔豆中提取的一种高分子物质，其分子质量大于 20 000u。多聚糖在水溶液中是一种生物不稳定性物质，在土壤中能被微生物降解成小分子物质，因此，改良土壤时，其用量大于人工合成改良剂。

99. 生物炭改良盐碱土原理是什么？

生物炭近年来成为土壤学等领域研究的热点。生物炭是农林废弃物等生物质在缺氧条件下热裂解形成的稳定的富碳产物。当前用作土壤改良剂的生物炭是指作物秸秆在无氧或部分缺氧、300～500 ℃条件下热解后的固态产物的统称，属于广义概念上生物炭的一种类型。常见的生物炭包括木炭、竹炭、秸秆炭、稻壳炭等。

生物炭在土壤改良方面的研究主要归纳为以下几个方面。

（1）生物炭对土壤物理和化学性质具有明显的改良作用　其多孔特性和比表面积有利于土壤聚集水分、提高孔隙度、降低容重，从而为植物生长提供良好的环境。

（2）生物炭对田间持水量的影响　生物炭较大的比表面积、高度的孔隙结构、有机质的不同形态使生物质炭具有较强的吸附性，能提高对土壤水分的吸附能力，增加土壤持水性能。10%生物炭施用量可以倍增田间持水量，并且提高了土壤 pH 0.36。

（3）生物炭对土壤养分持留的影响　生物炭能提高对土壤离子（如 NH_4^+、NO_3^-）的吸附能力和养分有效性。生物炭还可以提高土壤阳离子交换量，进而增加土壤的保肥能力，提高肥料养分利用率。

在盐碱土中施用生物炭能有效降低土壤碱化度和水溶性盐总量，提高土壤中的土壤持水力、有机碳含量及微生物活性，从而改良盐碱土的性质。其原理在于生物炭本身呈碱性，对盐碱土 pH 的降低不显著。盐碱土的碱化度通常比较高，生物炭能降低土壤的碱化度，一方面可能由于生物炭中交换性 Ca^{2+} 或 Mg^{2+} 浓度较高，能将土壤胶体吸附的 Na^+ 代换下来；另一方面，生物炭本身疏松多空的性质，使土壤总孔隙度增加，土壤受到淋洗会带走更多的交换性 Na^+，使碱化度降低。生物炭的孔隙结构能够降低土壤水分的渗透速度，增强土壤对溶液中移动性很强和容易淋失的养分元素的吸附能力。生物炭具有强大的吸附能力，它可吸附 NH_4^+、NO_3^- 等多种水溶性盐离子，具有良好的保肥和去污能力。此外，生物炭本身含有较高含量的磷和钾，这些都可以被作物利用，施用生物炭可以直接增加土壤磷和钾含量水平，提高作物产量。生物炭具有很大的比表面积，可以使土壤保持更高的水分，施用生物炭可以使田间持水量增加近 20％，同时生物炭具有较大的孔隙度，也使生物炭具有一定的吸水能力，尤其是氧化后的生物炭可提高沙质土壤的持水量，从而改善土壤持水能力，可减少水分蒸发，提高土温，改善土壤结构，降低土壤含盐量，提高土壤出苗率及产量。同时，向盐碱土中施用生物炭，可以提高土壤有机质、土壤 C/N、土壤对氮素及其他养分元素吸持能力，生物炭能够吸附土壤有机分子，通过表面催化活性促进小的有机分子聚合成有机质，而有机质能减少地面蒸发、改善土壤结构、利于盐分淋洗、延缓土壤返盐、中和土壤碱性、提高土壤养分、增强微生物和酶活性以及减少灌溉定额。

100. 粉煤灰改良盐碱土原理是什么？

粉煤灰是火力发电厂燃煤粉锅炉排出的固体废弃物，它是一种高分散的微细颗粒的集合体，其主要化学成分为 SiO_2、Al_2O_3、Fe_2O_3、CaO 和未燃炭，另含有少量 K、P、S、Mg 等化合物和 Cu、Zn 等微量元素。粉煤灰是一种复杂的细分散固体物质，具质轻、多孔、多沙、渗透快、吸水性强、吸附性高的特征特性，还含有一定的对作物有益的元素，其对土壤的有利作用主要是改善土壤结构、降低容重、增加孔隙度、提高地温、缩小膨胀率，特别是对黏质土壤有很好的效果，并且有利于保湿保墒，使水、肥、气、热趋向协调，为作物生长创造了良好的土壤环境，因而粉煤灰也用作土壤改良剂。粉煤灰改良盐碱地的主要作用包括以下几方面。

(1) 改变土壤理化性质 在土壤改良中粉煤灰可以改善土壤结构，调节不同土壤类型的质地，改变土壤密度和孔隙度。粉煤灰粒径在微米级别，与沙壤土相似，施加适量的粉煤灰可以改变黏土、沙土的质地，达到适合作物生长的质地条件。

(2) 提供营养成分 粉煤灰是复杂的富含多种矿物的混合物料，其中含有植物所需的大量营养元素及有机物和黏土矿物，具有较高活性，其微观形态常见为蛋壳状球形、椭球形，内部存在大量的孔隙，有利于保持土壤湿度和改善土壤结构。

（3）影响土壤生物活性　利用粉煤灰吸附改良土壤的过程中，土壤的理化性质在一定程度上发生改变，可以促进土壤中微生物的繁殖生长。粉煤灰的成分比较复杂，微量的毒性物质会使土壤化学性质改变，可能会影响土壤中菌落的生长和酶的活性。

（4）对 pH 及盐分的影响　粉煤灰可以调节盐碱土的 pH，改变土壤孔隙。随着施用时间的延长，土壤 pH 有变小的趋势。粉煤灰可有效地促进土壤中 Na^+ 的淋洗，降低 HCO_3^- 含量，同时增加 Ca^{2+}、Mg^{2+}、SO_4^{2-} 和 K^+ 含量。

粉煤灰在土壤中是一种良好的改良剂，可以改变土壤质地，也可以进行盐碱地的治理。但是由于煤质的不同，各地粉煤灰在微量元素含量上各有不同，自身含有重金属、放射性物质，粉煤灰在利用前必须进行检测。在土壤改良中需要优化粉煤灰的施用量和添加比例，从而有效地提高土壤质量，避免土壤二次污染和环境的破坏。

101. 微量元素在盐碱地中的应用有哪些？

相对于氮、磷、钾 3 种大量元素，钙、镁、硫 3 种被列入中量元素，锌、硼、锰、钼、铜、铁、氯、镍 8 种被列入微量元素，在农业生产中上述 11 种元素通常被称为中微量元素。中微量元素大多是植物体内促进光合作用、呼吸作用以及物质转化作用等的酶或辅酶的组成部分，在植物体内非常活跃。作物缺乏任何一种中微量元素时，生长发育都会受到抑制，导致减产和品质下降，严重的甚至绝收。盐碱土是一种养分比例极度不平衡的障碍土壤，盐碱土改良利用过程中，微量元素与大量元素养分、有机质含量等一样需要得到重视。微量元素含量分为全量和有效态，以铁为例，全量铁指土壤中所有形态铁的总含量，但不是所有形态的铁都能被作物吸收，只有有效铁能够被作物吸收利用。盐碱地当中全量微量元素含量主要与成土母质有关，有效态则受 pH 影响很大。大多数养分在

pH 6.5～7.0 时有效性最高或接近最高。在 pH 较高的碱土中，铁、硼、铜、锰、锌有效性偏低，如锰在酸性土中有效性高，往往引起毒害，而在碱土中有效性迅速下降导致作物出现缺锰症。盐碱土中存在较多的氢氧根离子或碳酸根离子，容易与一些微量元素形成不溶性沉淀。在盐碱地改良过程中，洗盐会导致一些有效态微量元素的流失，由于脱盐过程导致土壤 pH 升高也会降低微量元素有效性。有机质含量低，土壤质地不良也是微量元素有效性下降的原因。在盐碱地改良利用过程中，除了增施有机肥、降低碱度等措施来增加微量元素有效性以外，还需要补充微量元素肥料。

微肥种类很多，可以按照微量元素种类分，也可以按照化合物类型分为无机微肥和有机配合微肥。硼肥和钼肥应用较广的都是无机的，如硼砂、硼酸、硼泥、硼镁磷肥等，以及钼酸铵、钼酸钠、含钼废渣等。铁、锰、铜、锌既有无机的，也有有机螯合物。常见的无机金属微量元素有硫酸亚铁、硫酸亚铁铵、硫酸锰、氯化锰、硫酸铜、硫酸锌、硝酸锌、含微量元素矿渣等。无机微肥生产工艺简单、成本低，但在肥料复混时或进入土壤后极易与其他物质发生副反应而失效。当植物缺乏微量养分时，往往会分泌一些有机酸、氨基酸、酚类化合物来与根际各种金属元素形成螯合物，增加金属微量元素的有效性。作物只能吸收能溶于水的离子态或螯合态的中微量元素；土壤中不溶于水且含微量元素的各种盐类和氧化物，则不能被植物吸收，所以以离子态施入土壤的中微量元素极易与土壤中的碳酸根、磷酸根、硅酸根等结合被固定，成为难溶性的盐，金属螯合物则可防止这一现象的发生。因此，现在金属微量元素施用较多的是螯合微量元素肥，尤其是有机物螯合的微量元素肥具有较好的效果。螯合微肥性质稳定，在土壤中流动速度比无机盐快，而且不易产生离子颉颃，有些螯合物可以直接被植物吸收，因此增加了微肥的吸收速率和吸收量。

螯合剂的选择需要考虑多种因素，如螯合剂本身的螯合能力，螯合剂来源是否广泛和廉价，螯合过程和螯合物的施用是否环保等。比较常见的微量元素螯合肥料有氨基酸螯合微肥、EDTA 螯合微肥、糖醇螯合微肥、腐殖酸螯合微肥。微肥施用量很小，需要结合其他肥料或农艺措施才能发挥最大效力。大量元素水溶肥料中强制要求加入不少于 1% 的中量元素，或者 0.2%～3% 的微量元素。氮、磷、钾是微量元素肥料最好的分散剂，这样养分更加均衡，而且可以防止微量元素施用过量。微肥还可以随农药或其他功能物质共同进行叶面喷施，可以施用得更加均匀和分散，还可节省劳动力。但是在选择与其他肥料复混或与农药配伍时，应注意物质的性质，防止出现沉淀等无效物质。在配制比例上，应结合土壤养分状况和作物需求做到平衡施肥。针对盐碱地这种障碍土壤，还应补充有机肥料，改善土壤结构；施用土壤改良剂，降低土壤 pH；改善土壤水分状况，降低土壤含盐量。这样才能从根本上提高盐碱地土壤中微量元素的有效含量。

102. 盐碱土改良利用的适宜技术模式有哪些？

北自辽东半岛南至福建、广西、广东、海南岛和台湾西海岸及南海诸群岛的滨海地带，以及大致沿淮河—颖河—秦岭—西倾山—积石山—巴颜喀拉山—唐古拉山—喜马拉雅山一线以北的半干旱、干旱和漠境地带，但凡地势相对低平而地面和地下径流汇集、出流滞缓的地区，几乎都分布有各种类型的盐碱土。按照我国气候特征将盐碱土分布区域分为 8 个：① 滨海湿润—半湿润海水浸渍区；② 东北半湿润—半干旱草原—草甸盐碱区；③ 黄淮海半湿润—半干旱耕作—草甸盐碱区；④内蒙古高原干旱—半荒漠草原盐碱区；⑤ 黄河中上游半干旱—半荒漠盐碱区；⑥ 甘肃、新疆、内蒙古干旱—荒漠盐碱区；⑦ 青海、新疆极端干旱—荒漠盐碱区；⑧ 西藏高寒荒漠盐碱区。依据盐碱成分及地域范围的不同，因地制宜、因资源优势而制宜，采取相应的盐碱土改变技术模式。

（1）内陆半漠境和极端干旱区盐碱土改良利用的适宜技术模式
内陆半漠境和极端干旱区盐碱土广泛分布于我国的内蒙古高原干旱半漠境区，黄河中上游的干旱—半漠境区（陕西、山西和宁夏大部），甘肃、新疆漠境区，青海、新疆极端干旱漠境区以及西藏高寒漠境区。由于长期干旱、蒸发强烈或在年降水量小的情况下雨水过于集中，致使地表大面积长期性的或季节性的强烈积盐，导致生态极其脆弱，进而影响到该区土地的农业开发利用以及生态农业生产体系的持续协调发展。水资源的缺乏、盐碱化程度高、肥力不高是内陆半漠境和极端干旱区水土保持和生态平衡以及生态良性循环的主要限制性因素。大量研究结果和生产实践表明，合理解决该区农业用水供需矛盾、提高水资源利用率，脱盐改良根际土壤是实现低成本增加农业产量的根本性措施。着眼于区域土壤改良利用的整体综合效应，强化"农艺＋覆盖＋节水灌溉＋耐盐碱性植物的培育与种植"配套综合改良利用技术措施，把农业先进适用技术与科技成果（如地膜覆盖、滴灌水肥一体化技术、耐盐耐碱植物的选育等适用技术和成果）结合区域自然资源条件，因地制宜应用于该区土壤改良与农业生产实践，实现内陆半漠境和极端干旱区盐碱土的永久改良与土壤资源的合理永续利用。

(2) 东北苏打盐碱土改良利用的适宜技术模式　东北苏打盐碱土主要分布在松嫩平原西部，该区是世界三大苏打盐碱地区之一。由于受冻融水盐运动的影响，在冬季土壤表现出较严重的积盐现象，土壤溶液中含较高的碳酸钠与（或）碳酸氢钠组分。表层土壤反映出高钠化率、高 pH、质地黏重等系列特征。根据土壤中盐碱组成及其性能的不同，其改良利用的适宜的技术模式分为如下几种。

① 低盐重碱苏打盐碱土的"化学调理剂＋生物措施"改良技术模式。在低矿化度苏打型水质的地下潜水的作用下，低盐重碱苏打盐碱土在土壤盐化的同时，产生较强的碱化过程，并且随着土壤溶液中苏打浓度的增大而加剧，使土壤碱性极高，土壤溶液 pH 可达 10 以上。对植物产生极大的危害，并引起土壤有机质下降、土壤结构遭到破坏。施加化学调理剂配合绿肥种植是改良低盐重碱苏打盐碱土较为行之有效的技术模式，通过施加富含腐殖酸钙、腐殖酸和生理酸性肥料的多功能土壤调理剂，可起到降低土壤碱度、改善土壤质地、调节盐分等多重作用；结合种植绿肥，可减弱地表蒸

发，抑制土壤反盐、抑制盐分向地表积聚。此外，绿肥根系微生物分解产生有机酸，可降低土壤酸碱度。

② 高盐高碱苏打盐碱土的"化学调理剂＋灌溉排水工程＋生物措施"综合改良技术模式。对于高 pH（10 以上）、高含盐量的苏打重盐重碱土壤，国际上开发苏打型重盐碱土种植作物的普遍做法是利用地下排水系统，用 5～7 年的时间，将土壤中各种过量的有害盐碱成分洗除。高盐高碱苏打盐碱土通过多年施加化学调理剂进行土壤的脱盐脱碱与培肥熟化改良，并结合单灌单排水利工程措施，进行耐盐耐碱植物种植，即采用"化学调理剂＋灌溉排水工程＋生物措施"，以逐步实现高盐高碱苏打盐碱土区的生态恢复，促进生态良性循环和生态农业的产业化发展。

（3）滨海盐土改良利用的适宜模式

① 滨海中轻盐土的"土壤调理＋底土隔盐"或"土壤调理＋表面覆盖"改良技术模式。根据土壤含盐量以及盐分组成，施入一定量可吸附固定土壤盐分的土壤调理剂。在深耕翻田过程中于30～50 cm 深的底土层中填埋入一定量的秸秆、粗沙或在翻耕后进行秸秆或薄膜覆盖，减小深层高矿化度咸水由于毛细管作用而携带盐分向上移动，有效抑制土壤盐分向根际土层移动而抬升根际层中含盐量，从而改善植物的立地条件，保障植物正常生长。

② 滨海重盐土的"起高垄＋压沙＋节水灌溉＋耐盐植培育与种植"改良技术模式。由于这种类型的重盐土主要分布于滨海区高地下水位的地带，因此要实现对该类重盐土的改良与该盐土分布区的生物恢复，降低土壤盐分含量是关键，而通常采用的大水漫灌洗盐、压盐措施显然对于滨海区这种高地下水位的盐渍土的改良是行不通的。根据以往多年试验结果以及国内相关研究资料，"起高垄＋压沙＋节水灌溉＋耐盐植培育与种植"改良技术模式具有一定的价值。

第七章 盐碱地改良成功案例简介

案例一 东北地区苏打型盐碱地综合改良案例

一、基地情况介绍

清华大学盐碱地改良大安示范基地位于东北示范区，总面积超过 2 700 hm²，属吉林省西部国土开发整理重大工程大安项目区。中心地理坐标：北纬 45°26′03.39″，东经 124°08′29.27″。松嫩平原西部盐碱地是典型的苏打型盐碱地，因其顽固难以治理被称为"地球之癣"，表现为湿黏干硬，土壤通透性极差。2012 年 4 月开始，华清农业开发有限公司依托于清华大学盐碱地区生态修复与固碳研究中心，选取项目区内部分盐碱地进行改良，实现了当年改良、当年种植，形成了专业化、产业化和集约化的盐碱地改良新模式。

二、改良过程

本项目区为盐碱荒地，针对改良后种植水稻的需求，制定了详细的改良流程，如图 7-1 所示。主要流程技术要求如下。

(1) 地块划分 将地块划分为适宜机械化种植的小块，单个地块面积约 0.2 hm²，并用筑埂机进行机械化筑埂。

(2) 激光平地 水田对土地平整度要求较高，种植初期需要用激光平地机进行精平，平整后的地块高低差应控制在±5 cm 之间。

(3) 深翻 用大型机具将土地进行深翻 2 遍，深度不低于 20 cm。

(4) 制定改良方案 对每个地块进行基础土壤理化性质测试，根据测试结果，分块制定土壤改良剂施用量。

(5) 改良剂和有机肥撒施 为保障撒施均匀，采用专用抛撒机进行改良剂和有机肥等物料撒施。

(6) 泡田打浆 根据水稻种植要求，应对每个田块进行多次打浆，并保证一定高度的蓄水层。

(7) 水稻种植和田间管理 采用机械插秧，加强田间水肥管理。

图 7-1　东北苏打型盐碱地改良流程

三、改良效果

由于盐碱程度高，改良前种植水稻均无法成活。经科学改良并跟踪检测，清华大学盐碱地区生态修复与固碳研究中心的监测数据表明：改良后第一年土壤平均 pH 由 10.46 降至 8.38，碱化度由 64.52% 最低降至 19.27%，使地块由不能种植的重度碱土改良为可以种植的农田，改良效果十分显著。经过实际测产，2012 年平均每 667 m² 产量为 310 kg，2013 年平均每 667 m² 产量为 515 kg，此后，随着土地的不断熟化，产量逐年稳步增加（图 7-2）。

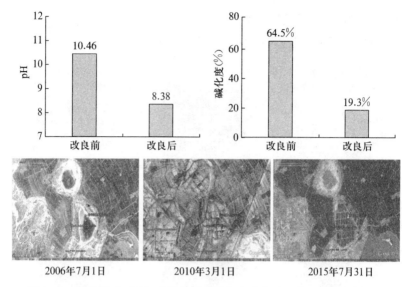

图 7-2 改良前后 pH 与碱化度对比及东北示范区谷歌卫星图变化情况

四、示范基地特点

(1) 规划科学,配套完善 地块设计规范合理,渠路采用高标准建设,灌排体系完善,土地平整,集中连片,便于机械作业。

(2) 改良彻底,长期有效 示范基地严格采用清华大学专利技术工艺,采取综合改良措施,改良效果十分显著且长期有效。

(3) 权益稳定,扩展性强 示范基地的土地流转合同由华清农业直接与村集体签署,流程规范,产权清晰。周边新增耕地面积大,扩展性与聚集效应强,有利于机械化生产、规模化经营和标准化管理。

(4) 稀缺净土资源,价值空间大 示范区内均是历史上未经种植的盐碱地,经改良后成为稀缺净土资源,具备发展高价值有机生态农产品的基本条件。

五、产业化示范

改良后,华清农业开发有限公司在吉林大安建立苏打盐碱地改良水稻示范园区,组织绿色和有机水稻种植(图 7-3),产品通过

美国 USDA 有机认证和欧盟 ECOCERT 有机认证，同时通过中国
CNAS 有机转换认证。

图 7-3　示范基地种植水稻效果

　　目前，园区种植的有机大米已正式进入高端商超进行销售。此外，园区还将利用物联网手段，建立水稻生长过程及田间土壤、水分动态变化监控和监测系统，逐步实现生产过程远程控制、评估和生产指导，最终建成集农产品可追溯体系、电子商务、休闲旅游等于一体的大型综合智慧现代农业园区。

案例二 新疆南疆中度盐碱地综合改良案例

一、示范基地介绍

新疆位于我国西部内陆，受干旱气候和封闭内陆盆地的影响，盐碱土面积多达 4.7×10^6 hm²，并且类型多、积盐重、成因复杂。土壤盐碱化造成土地产出率低下，农业综合生产能力不足，农民增收异常困难，不仅严重制约了新疆优质高效农业的发展，还对新疆的团结稳定、建立和谐社会造成不利影响。

清华大学盐碱地改良新疆示范区首批试点项目区位于阿拉尔市周边，地处天山南麓、塔克拉玛干沙漠北缘。主要分布在第一师八团、十团和十二团，其中八团示范区中心地理坐标：北纬 $40°35'$ $10.24''$，东经 $80°54'39.62''$。卫星图及现场调查显示，项目区地块均有不同程度的碱斑分布，盐碱化程度较高，地上种植作物未出苗或长势弱，周边植被以红柳、碱蓬、胡杨等耐旱、耐盐碱的植物为主。

二、改良流程

本项目区基于前期现场调研、取样检测分析结果，制定了详细的改良流程，如图 7-4 所示。改良后以棉花种植为主，翻地、改良剂撒施等环节技术要求与黄河中游示范区一致。主要环节技术要求如下。

（1）**土地平整** 先用推土机将地块进行初平，再结合激光平地机进行精平。

（2）**深翻深松** 用大型机具将土地进行深翻深松，翻耕深度不低于 20 cm，深松深度不低于 35 cm。

（3）**制定改良方案** 采集基础土壤样品测试理化性质，采样单元不超过 3.33 hm²/样，根据测试结果制定土壤改良剂施用量。

（4）**改良剂撒施** 采用专用抛撒机对改良剂进行均匀撒施，随后进行旋耕，深度不低于 15 cm。

（5）**灌水洗盐** 在水利条件允许的情况下，采用大水漫灌，促进盐分淋洗。

（6）**种植与田间管理** 改良第一年种植耐盐碱植物，如向日葵、苜蓿等，结合地膜覆盖种植效果更佳。

图7-4　新疆南疆中度盐碱地改良流程

三、改良措施

针对本项目区所处区域自然条件、土壤结构、土壤特性以及项目区内地势特点，采取以脱硫石膏为主的化学改良为主，同时结合其他改良措施，实施综合改良，降低土壤的碱化度及含盐量，改善土壤的团粒结构，并提升土壤的有机质，最终达到彻底改良的目的。

四、种植示范

经过项目实施，改良效果显著。以其中一个团场为例：改良后项目区内失产面积减少53%，多年不毛的碱斑内开始出苗，原来出苗不好的区域基本全苗，出苗率提高约13%。棉花经实际测产，平均每667 m² 产量由改良前的132 kg增加到219 kg，比改良前增加了66%（图7-5）。

图 7-5　新疆南疆盐碱地示范区改良效果

案例三　生物改良新疆盐碱化棉田案例

一、试验基地介绍

试验是在新疆库尔勒巴音郭楞蒙古自治州水管处重点灌溉试验站进行的。该站的地理坐标为：41°35′N，86°10′E，海拔高程为988～991 m，地处塔里木盆地北缘。因远离海洋，且高山阻隔，属典型性大陆性气候，降水稀少，蒸发强烈，2010 年年降水量44 mm，年蒸发量约为 2 710 mm。试验地土壤质地为黏沙壤土（黏粒 26.9 ％，粉粒 55.2 ％，沙粒 17.9 ％），土壤剖面 190～210 cm 处存在钙积层。试验地地下水位较浅（90～210 cm 之间波动），地下水矿化度为 17.4 g/kg。土壤为灰漠土，pH 为 7.5～8.0，电导值（水土比 1∶1）10 mS/cm 左右，有机质 4.0～5.0 g/kg，全氮（N）1.5 g/kg 左右，全磷（P_2O_5）1.32 g/kg，全钾（K_2O）15.18 g/kg。

二、试验设计

试验设 2 个处理，处理 A 为 2009 年种植盐角草，B 为 2009 年裸地。小区面积为 40 m^2，重复 3 次。盐角草密植，整个生育期按照需水量进行灌溉，成熟后收割，使其离开棉田。2010 年，在处理 A 和 B 的小区均种植棉花，品种为中棉 35，按照当地习惯进行种植和水肥管理。种植规格：采用幅宽 130 cm 地膜，一膜种 4 行，宽窄行种植，株距 15 cm，膜间距 30 cm。

三、试验结果

1. 生物改良后对棉花生长的影响

通过表 7-1 可以看出，盐碱土生物改良后棉花的出苗率显著提高，由完全不能生长的 2.8％提高到了 31.6％，但仍然对于棉田利用存在问题。棉花的单铃重无显著差异。生物改良后棉花的铃数增加，但差异不显著。生物改良后棉花籽棉产量较未改良的相比有较大的提高，但和当地平均产量仍有较大的差距。

表7-1　盐角草种植对棉花生长的影响

处理	出苗率（%）	单铃重（g）	铃数/株（个）	籽棉产量（kg/hm²）
A	31.6±5.2	5.6±0.2	10.7±0.2	3 120±568
B	2.8±0.6	5.3±0.4	9.5±1.0	219.6±31

2. 生物改良后土壤养分状况

通过表7-2分析可以发现，经过生物改良后土壤的有机质和碳氮比均较未改良区域增加，除了10～30 cm 土层的土壤有机质和碳氮比差异达到显著水平之外，表层的有机质差异未达到显著水平。改良后表层土壤全氮无差异，但10～30 cm 土层全氮含量降低，可能与盐角草在生物改良盐碱土吸收土壤氮素有关；全磷含量无变化；全钾含量降低，但均未达到显著性差异。

表7-2　土壤养分状况

处理	深度（cm）	有机质（g/kg）	全氮（g/kg）	全磷（g/kg）	全钾（g/kg）	碳氮比（%）
A	0～10	6.01±0.31	0.39±0.02	0.63±0.01	14.46±1.40	8.96±0.83
	10～30	5.53±0.10	0.32±0.01	0.60±0.01	14.05±0.48	10.25±0.43
B	0～10	5.79±0.23	0.38±0.01	0.63±0.01	15.02±0.88	8.83±0.23
	10～30	5.14±0.14	0.39±0.03	0.61±0.02	16.00±1.61	8.96±0.86

3. 生物改良后土壤盐分状况

通过表7-3分析可知，经过生物改良后，棉田土壤盐分含量整体下降。表层土壤的电导值由 14.7 mS/cm 下降到了 7.52 mS/cm，下降效果明显；10～30 cm 土层的电导值由 4.23 mS/cm 下降到了 3.23 mS/cm，也取得显著效果。SO_4^{2-} 和 Cl^- 这两种主要阴离子含量明显降低，表土的 Cl^- 含量由 0.55 g/kg 降低到了 0.23 g/kg，有效地防治了 Cl^- 对棉花种子的毒害；表土的 SO_4^{2-} 含量由24 g/kg降低到了 16.5 g/kg，也达到了显著差异；10～30 cm 土层的 SO_4^{2-} 和 Cl^- 的含量均明显下降。主要阳离子 Na^+ 表层含量由 5.15 g/kg

降低到了 2.21 g/kg；10～30 cm 土层 Na^+ 含量由 0.94 g/kg 下降到了 0.38 g/kg。表层 K^+ 含量未出现明显下降，有利于土壤中的 K^+ 和 Na^+ 的平衡，但 10～30 cm 土层 K^+ 含量明显下降。表层和 10～30 cm 土层 Mg^{2+} 含量均有所下降，但差异不显著，这可能与盐角草的离子需求特性有关；表层 Ca^{2+} 含量无明显变化，但 10～30 cm 土层 Ca^{2+} 含量显著下降。

表 7-3　土壤盐分状况

处理	深度 (cm)	Ec (mS/cm)	Cl^- (g/kg)	SO_4^{2-} (g/kg)	Na^+ (g/kg)	K^+ (g/kg)	Mg^{2+} (g/kg)	Ca^{2+} (g/kg)
A	0～10	7.52±1.36	0.23±0.07	16.46±1.40	2.21±0.46	0.20±0.03	0.32±0.09	1.92±0.09
	10～30	3.23±0.20	0.045±0.005	10.97±0.95	0.38±0.08	0.07±0.01	0.13±0.003	1.22±0.20
B	0～10	14.7±3.59	0.55±0.15	24.01±5.64	5.15±1.27	0.30±0.07	0.51±0.13	1.97±0.03
	10～30	4.23±0.36	0.074±0.016	15.24±1.25	0.94±0.20	0.11±0.01	0.14±0.02	2.02±0.03

四、试验结论

种植盐角草能够降低盐碱化棉田的土壤盐分含量。盐角草不仅是世界上最抗盐的高等植物之一，也是一种聚盐的盐生高等植物。盐角草作为一种真盐生植物，不仅能够在高盐环境中生长，还能够将土壤中的 Na^+ 吸收到地上部。据报道，盐角草每年可从土壤中带走 8～435.1 kg/hm^2 矿质灰分，而这些矿质灰分的主要成分是来自于土壤中的钠盐等。种植盐角草可以提高土壤有机质含量，促进棉田的再利用。盐角草在生长过程中，枯枝落叶、残留根系、根系分泌物以及代谢产物均有利于土壤有机质的增长。总之，盐角草改良次生盐碱化棉田具有很好的效果，能够促进次生盐碱化棉田的可持续利用，这对于次生盐渍化不断加剧的新疆尤为重要。

案例四 "施地佳"土壤调理剂改良
新疆盐渍化棉田案例

一、试验单位介绍

成都华宏生物科技有限公司成立于 2002 年，位于成都市都江堰工业区，注册资本 2 270 万元。公司致力于生物科技研发，开发有机生物土壤改良剂，研究功能微生物修复重金属污染土壤、功能微生物防治作物寄生杂草——列当，利用生物防治各种病害，推广水肥一体化技术、养分平衡施肥、减肥增效全程解决方案；在全国多种期刊上发表科技试验示范论文 170 余篇；公司拥有国家知识产权局授权发明专利 3 项；获得在农业部 11 个、省级 1 个肥料登记；获得国家高新技术企业认证；获得 ISO 9001 质量管理体系认证、ISO14001 环境管理体系认证。

二、试验设计

1. 示范作物及品种

棉花，品种为新陆早 26。

2. 示范用土壤调理剂

"施地佳"土壤调理剂，主要成分为氨基酸（氨基酸含量 116 g/mL），pH 为 3.81。

3. 示范地点、时间及土壤养分情况

2010 年 4 月 12 日至 10 月 25 日，本试验示范在昌吉市大西渠镇思源村进行。试验前土壤养分情况见表 7 - 4。

表 7 - 4　试验示范田土壤养分含量状况

项目	pH	盐分（%）	有机质（g/kg）	碱解氮（mg/kg）	速效磷（mg/kg）	速效钾（mg/kg）
含量	8.5	0.92	7.4	35.6	7.8	420

4. 示范设计

试验设 4 个处理，分别为浇灌等量清水对照和按土壤调理剂施

地佳低、中、高用量施用（分别简写为 SB1、SB2、SB3 处理）的 4 个处理，其中：SB2 处理用量为该土壤调理剂的推荐用量，见表 7-5。试验小区按随机区组排列，重复 4 次。试验小区面积为10 m× 5 m＝50 m²，4 个处理、3 次重复，共计 12 个小区，面积 600 m²。

表7-5　试验处理

编号	施肥处理	简写	每 667 m² 用量（kg）	小区用量（kg）
1	清水对照	对照	——	——
2	施地佳	SB1	1	0.082
3	施地佳	SB2	2	0.163
4	施地佳	SB3	3	0.245

5. 施用方法

土壤调理剂在春天翻地前用喷壶均匀喷洒施入土壤，后犁地、耙地、平地、播种。

6. 田间管理

试验地栽培管理措施及水肥管理措施与当地大田同步。试验地播前每 667 m² 基施磷酸二铵 15 kg。试验地棉花于 4 月 14 日播种，每 667 m² 理论株数 15 000 株。

7. 田间调查方法

按试验示范处理区和对照区分区定点调查，每区 1 个点，每点 5 株。土壤样品为每小区取 3 个点的混合样。

三、试验结果与分析

1. 施用土壤调理剂对棉花各生育期的影响

在棉花生育期期间，通过田间取样调查以及定点观测等措施对各处理的施用效应进行研究，具体内容见表 7-6。

表7-6　棉花生育期各指标测定

项目	保苗率（%）	容重（g/cm³）	叶绿素（SPAD值）	pH		盐分（%）	
时期	苗期	蕾期	花铃期	苗期	吐絮期	苗期	吐絮期
对照	72b	1.80a	55.1b	8.6a	8.6a	1.0a	0.85a

（续）

项目	保苗率（%）	容重（g/cm³）	叶绿素（SPAD值）	pH		盐分（%）	
时期	苗期	蕾期	花铃期	苗期	吐絮期	苗期	吐絮期
SB1	78a	1.80a	56.8ab	8.5ab	8.6a	0.95a	0.70b
SB2	79a	1.79a	58.4a	8.4b	8.3b	0.85b	0.58c
SB3	76ab	1.77a	55.7b	8.4b	8.3b	0.85b	0.55c

注：不同小写字母代表处理间差异达显著水平，$P<0.05$。

从棉花生育期主要的几项测定指标来看，施用土壤调理剂后，棉花苗期保苗率有所提高，差异显著；蕾期土壤容重降低幅度不大，未达到显著水平；花铃期棉花叶片叶绿素含量显著增加；全生育期土壤盐分含量相对较低、达到显著水平。中高用量处理（SB2、SB3）在苗期、吐絮期土壤 pH 均显著降低。

2. 施用土壤调理剂对棉花产量的影响

施用土壤调理剂施地佳后，棉花吐絮期籽棉产量分析见表7-7：施土壤调理剂处理 SB1、SB2、SB3 分别较对照平均每667 m² 棉花产量增加 52.6 kg、94.9 kg、54.6 kg，增产达 38.3%、69.0%、39.7%。施土壤调理剂处理与未施土壤调理剂的对照相比棉花增产显著。但产量并不是随土壤调理剂施用量增加而增大，当土壤调理剂施用量为每 667 m² 2 kg 时，棉花每667 m² 产量达到最大值，为 232.3 kg，与对照间差异达到极显著水平。

表 7-7 每 667 m² 棉花产量结果（kg）

处理	重复Ⅰ	重复Ⅱ	重复Ⅲ	均值	较对照增减量	较对照增减率（%）
SB1	187.6	201	181.7	190.1	52.6	38.3
SB2	238.9	226.4	231.7	232.3	94.9	69.0
SB3	189.5	194.7	192.1	192.1	54.6	39.7
对照	145.2	132.8	134.4	137.5	—	—

四、试验效益分析

不同处理的经济效益（只考虑肥料投入）及处理间比较结果见表 7 - 8。施用土壤调理剂施地佳可增产增收，以每 667 m² 2 kg 的处理产量最高，每 667 m² 产量达 232.2 kg，较对照增收 965.2 元，增收效果明显；过量施用增产效果会有所下降。处理 SB1 和 SB3 分别比对照每 667 m² 增收 498.8 元和 442.8 元。

表 7 - 8　经济效益分析

处理	每 667 m² 平均产量（kg）	每 667 m² 产值（元）	每 667 m² 新增投入（元）	每 667 m² 收入（元）	较对照增收（元）
SB1	190.1	2 281.2	40	2 241.2	498.8
SB2	232.3	2 787.6	80	2 707.6	965.2
SB3	192.1	2 305.2	120	2 185.2	442.8
对照	137.5	1 650.0	0	1 650.0	—

注：2010 年棉花价格按籽棉平均 12 元/kg 计算，每 667 m² 收入中未含成本费（包括人工费、水电费、化肥、种子、农药、滴灌管材等费用），是相对值。

五、试验效益分析结论与建议

（1）施用土壤调理剂施地佳，可以使棉花花铃期叶片叶绿素含量显著增加，降低土壤盐分含量、土壤 pH，但对容重影响不大。

（2）施用土壤调理剂施地佳可显著提高棉花产量。施土壤调理剂处理 SB1、SB2、SB3 分别较对照每 667 m² 平均棉花产量增加 52.6 kg、94.9 kg、54.6 kg，增产率达 38.3%、69.0%、39.7%。

（3）施用土壤调理剂施地佳增收效果明显。施用土壤调理剂的 SB2 处理每 667 m² 产量达到 232.2 kg，较对照增收 965.2 元，增收效果明显。过量施用增产效果会有所下降。处理 SB1 和 SB3 分别比对照每 667 m² 增收 498.8 元和 442.8 元。示范方中，也以每 667 m² 施用土壤调理剂施地佳 2 kg 的处理产量每最高，每 667 m² 产量为 220 kg，较对照每 667² 增产 82.5 kg。

（4）建议在开春耕地、犁地前，将该盐碱地土壤调理剂（每 667 m² 施用 2 kg）均匀撒施于地表，然后犁地、耙地、平地、播种。

（该试验由成都华宏生物科技有限公司委托新疆维吾尔自治区土壤肥料工作站于艳华、赖波完成）

案例五 "施地佳"土壤调理剂改良 吉林盐碱水稻田案例

一、试验地基本情况

该试验安排在白城市镇南风力发电稻田区，面积 0.6 hm^2，前茬为水稻。该地块为第三年种植水稻，属重盐碱区，pH 在 8.5 以上，有机质含量较低。2016 年春季施肥，每公顷施复合肥（12 - 18 - 15）520 kg，硫酸铵 125 kg，氮、钾（硫酸钾）追肥 250 kg，中微量元素肥 20 kg。各处理施肥条件一致。

二、试验设计

1. 供试作物 水稻，品种为白粳一号。

2. 试验处理 试验采用随机排列，设 3 个处理（表 7 - 9），3 次重复，9 个小区，每小区面积 667 m^2。

表 7 - 9 试验处理

处理	"施地佳"处理	每 667 m^2 用量	使用方法
处理 1	一个生长期使用一遍	2 000 ml	插秧期对水洒施
处理 2	一个生长期使用两遍	4 000 ml 分两次施入	插秧期对水洒施一次，返青分蘖期拌肥撒入
对照 CK	没有用土壤调理剂		

3. 试验调查及测定

试验地 2016 年 5 月 20 日开始泡水，保持 3～5 cm 水层，防止串水，5 月 24 日按试验要求用量的药剂稀释后洒施到各小区，5 月 26 日水稻开始插秧，插秧密度 9 cm×4 cm。施药后的 10 d 内稻池内水一直清澈，沉淀较好，后逐渐变混浊。试验小区在分蘖末期调查每穴分蘖数，在抽穗结束期调查株高、收获前期穗长、单穗粒数、单穗重，进行小区测产，并折算公顷产量。在 10 月 20 日田间落干后取土样测定土壤养分、全盐量和 pH，分析用药前后土壤养分及盐碱变化，结合测产结果进行综合分析。

三、试验结果与分析

1. "施地佳"土壤调理剂对水稻各生育期的影响

由田间生长指标调查、测产结果及统计结果（表 7 - 10、表 7 - 11）可知，施用土壤调理剂"施地佳"一次和两次水稻分蘖率增幅为 7.7% 和 21.7%；植株株高增幅为 5.5% 和 12.8%；穗长增幅为 5.7% 和 13%；单穗粒数增幅为 18.2% 和 28.1%；单穗重增幅最明显，分别为 16.2% 和 32.1%；公顷产量增加 14.6% 和 21.9%，增产效果明显。对照每公顷产量为 7 075 kg，施用一次"施地佳"改良剂每公顷产量达到 8 125.5 kg，增加 1 032.5 kg；施用两次后产量达到 8 625 kg，增加 1 550 kg。

表 7 - 10 水稻田间生长指标调查及测产结果

处理	处理1				处理2				对照CK			
调查指标	1	2	3	平均	1	2	3	平均	1	2	3	平均
分蘖数	21.4	18.6	17.6	19.2	23.5	19.8	21.8	21.7	17.5	18.4	17.6	17.8
株高（cm）	85	86.5	79.5	83.7	86.8	90.2	91.4	89.5	83.6	75.5	78.9	79.3
穗长（cm）	20.3	19.5	21.2	20.3	21.5	20.8	22.9	21.7	19.3	18.9	19.5	19.2
单穗粒数	137	131	128	132	136	152	141	143	122	105	108	111.7
单穗重（g）	2.66	2.85	2.38	2.6	3.14	2.96	2.87	3	2.16	2.65	1.98	2.3
小区产量（kg）	526.5	545	550	540.5	545	605	575	575	480	445	490	471.65
公顷产量（kg）	7 897.5	8 175	8 250	8 107.5	8 175	9 075	8 625	8 625	7 200	6 675	7 350	7 075
增产幅度（%）				14.6				21.9				

表 7 - 11 水稻田间生长指标变化幅度统计

调查指标	处理1	增幅（%）	处理2	增幅（%）	对照CK
分蘖数	19.2	7.7	21.7	21.7	17.8
株高（cm）	83.7	5.5	89.5	12.8	79.3
穗长（cm）	20.3	5.7	21.7	13.0	19.2
单穗粒数	132.0	18.2	143.0	28.1	111.7
单穗重（g）	2.6	16.2	3.0	32.1	2.3
小区产量（kg）	540.5	7.3	575.0	10.95	471.65
公顷产量（kg）	8 107.5	7.3	8 625.0	10.95	7 075.0

2. "施地佳"土壤调理剂对土壤状况的影响

从表 7 - 12、表 7 - 13 结果看出，在盐碱地施入土壤调理剂"施地佳"对土壤养分变化没有明显的影响，对土壤的 pH 未见明显的影响，但对全盐量的降低有明显的作用，施用一次可使盐分降低 8.72％，施用两次可使盐分降低 17.44％，效果明显。

表 7 - 12　"施地佳"土壤调理剂后土壤肥力及盐碱化验结果

处　　理	处理 1	处理 2	对照 CK
水解氮（毫克/千克）	104.6	160.5	128.7
速效磷（毫克/千克）	14.5	16	11.2
速效钾（毫克/千克）	141.2	130.1	150
pH	8.6	7.9	8.2
全盐量（％）	0.157	0.142	0.172

表 7 - 13　土壤全盐量变化

处理	"施地佳"处理	全盐量（％）	降低（％）
处理 1	一个生长期使用一遍	0.157	8.72
处理 2	一个生长期使用两遍	0.142	17.44
对照 CK	没有用土壤调理剂	0.172	0

四、试验结论

（1）试验结果分析表明，在盐碱改良过程中施用"施地佳"土壤调理剂，对土壤清除盐分有明显的作用，整个生长期施用一次可使盐分降低 8.72％，施用两次可使盐分降低 17.44％，效果明显。单年施用对 pH 没有明显的影响，但如果经过 2～3 年的长期使用，土壤环境脱盐的情况下 pH 将逐渐得到改善。因此，"施地佳"土壤调理剂在改良盐碱地土壤方面具有一定的推广应用价值。

（2）盐碱地施用"施地佳"一次和两次后水稻每公顷产量增加 14.6％和 21.9％，增产效果明显，对照每公顷产量为 7 075 kg，施用一次"施地佳"改良剂每公顷产量达到 8 107.5 kg，增加 1 032.5 kg，施用两次后产量达到 8 635 kg，增加 1 550 kg。施用"施地佳"后土壤的盐碱环境得到改善，根系活力增强，肥料利用率提高，从而增加了分蘖能力、植株长势、单穗粒数和单穗重量，提高了水稻单产水平。因此，"施地佳"对于水稻增产方面具有一定的作用。

（3）"施地佳"每 667 m² 的最佳用量为 2～4 kg，每次用 2 kg，连用两次效果更好。建议农户根据使用成本及产出效益计算出投入产出比，在重盐碱地块施用（图 7 - 6）。

图 7 - 6 吉林白城施用"施地佳"后对比

（该试验由吉林省白城市农业科学院薛丽静、吉林省畜牧业学校姜福成和成都华宏生物科技有限公司李智强共同完成）

案例六 "施地佳"土壤调理剂改良宁夏 盐碱化水稻田案例

一、试验地基本情况

银川北部地区土壤含盐量高、pH 高，盐碱化程度重，中低产田面积大，是制约农业生产发展的主要障碍因素。加大这一地区盐碱地改良力度，进一步提高耕地综合生产能力，是确保粮食安全、推动农业可持续发展的重要举措。而盐碱地治理是一项长期而又复杂的工作，在水利配套农艺结合的综合举措下，施用土壤调理剂是一种方便而又可行的方法。

示范区位于贺兰县中部，属唐徕渠系灌溉区，土壤类型主要为灌淤土，个别田块为沼泽土，地力水平较差，灌水条件良好，排水条件较差，土壤中度盐化，常年地下水位 1.55 m 左右。示范区常年种植水稻，每 667 m² 水稻常年产量为 500 kg 左右。试验田和对比田春季播种前混合土壤测试值为：pH 8.46，全盐 2.42 g/kg，有机质 14.24 g/kg，全氮 0.78 g/kg，碱解氮 61 mg/kg，有效磷 17.15 mg/kg，速效钾 223 mg/kg。

二、试验设计

1. 试验示范时间地点

试验示范实施时间为 2015 年 4～10 月，地点选择在贺兰县常信乡旭光村 1 队和 2 队，示范面积 18.1 hm²、四十里店村 1 队 2 hm²，共计 20.1 hm²。试验田东西长 32.4 m，南北宽 30.5 m，面积 988.20 m²；对比田东西长 33.5 m，南北宽 30.5 m，面积 1 021.75 m²。

2. 试验示范施用肥料

示范区施用的 3 种肥料均由成都华宏生态农业科技有限公司提供。"施地佳"土壤调理剂：主要成分为氨基酸（氨基酸含量 116 g/ml），pH 为 3.81；"神锄列当"复合微生物肥：含有地衣芽孢杆菌、解淀粉芽孢杆菌等多种功能性菌；"吉祥雨"叶面肥：主要成分为氨基酸螯合微量元素锌、锰、硼、铜、铁、硒等。

3. 试验方案

在同样施用常规肥料、统一大田管理的基础上实施。在示范区选择具有代表性的两块田地作为试验田，两块田地地力条件相同，其中一块田于水稻播种前施用"神锄列当"复合微生物肥 4 kg，播种后灌溉头水时每 667 m² 随水冲施"施地佳"土壤调理剂 4 kg，于水稻生育期内喷施"吉祥雨"叶面肥 2～3 次，每 667 m² 每次 50 g 对水 300 倍喷施；另一块田作为对照（对比田）不施用上述肥料。

4. 田间管理

试验田于 2015 年 5 月 8 日每 667 m² 撒施"神锄列当"复合微生物肥 4 kg，当日播种，品种为节-9，每 667 m² 播种量 25 kg，次日灌溉头水时每 667 m² 随水施入"施地佳"土壤调理剂 4 kg。对比田不施用上述产品，播种时间、品种、播种量、灌水时间同试验田。试验田于 6 月 27 日、7 月 14 日、7 月 27 日，每 667 m² 分别喷施"吉祥雨"叶面肥 50 g，3 次共计喷施 150 g。试验田与对比田施肥、灌水、除草、打药等管理相同，生育期内均未发生病虫草害。10 月 9 日采用机械收割，试验田与对比田分别单收测产。

5. 田间调查方法

按试验示范处理区和对照区分区定点调查，每区 1 个点，每点 5 株。土壤样品为每小区取 3 个点的混合样。

三、试验结果与分析

1. 试验田间调查结果

（1）出苗情况　5 月 19 日田间种子发芽，5 月 28 日调查基本苗，试验田每 667 m² 基本苗数为 32.64 万株，对比田每 667 m² 基本苗数为 32.03 万株，试验田每 667 m² 基本苗数比对比田多 1.90%，说明施用"施地佳"土壤调理剂和"神锄列当"复合微生物肥能提高水稻出苗率。

（2）生长情况　6 月 2～6 日，水稻晒田，6 日发现有死苗现象，试验田死苗数明显低于对比田，且死苗程度轻于对比田。6 月 14 日进行人工补苗，20 日调查，试验田补苗成活率为 97.7%，而对比田补苗的成活率仅为 61.4%。随后对比田又经过 2 次补苗，仍有缺苗现象。灌水正常后，一直到水稻收割，2 个处理水稻长势无明显区别，但对比田补苗处水稻长势明显较弱。

（3）生育情况　10 月 9 日水稻收割前，调查各处理株高、穗长等生育性状，并将 2 个处理水稻植株样带回室内烤种。从表 7 - 14 可以看出：试验田水稻的各项生育性状均优于对比田，有利于水稻产量的提高。

表 7 - 14　不同处理生育性状调查

处理	株高 （cm）	穗长 （cm）	穗粒数	空秕粒	空秕率 （%）	千粒重 （g）	每 667 m² 穗数	每 667 m² 理论产量（kg）
试验田	86.44	16.82	87.84	16.38	18.65	23.17	36.47	603.84
对比田	84.72	16.84	86.73	19.49	22.47	22.34	35.16	529.02
相差	1.72	−0.02	1.11	−3.11	−3.82	0.83	1.31	74.82

2. 水稻产量

10 月 9 日采用机械收割，试验田和对比田分别收割，现场称重测产，折合标准水分并除杂后，计算每 667 m² 水稻产量。试验田产量 587.65 kg 比对比田产量 518.35 kg 增产 13.37%。

3. 土壤改良效果

水稻收割后，分别采集试验田和对比田土样，测试土壤全盐和 pH 变化，测试结果见表 7 - 15。由表 7 - 15 看出：试验田播种前与收割后土壤全盐和 pH 的降幅均大于对比田，说明试验田施用"施地佳"土壤调理剂和"神锄列当"复合微生物肥料能有效降低土壤全盐和 pH。

表 7 - 15　试验前后土壤全盐和 pH 变化

处理	全盐（g/kg）			pH		
	播种前	收割后	降幅（%）	播种前	收割后	降幅（%）
试验田	2.42	0.8	66.94	8.46	8.30	1.89
产比田	2.42	0.83	65.70	8.46	8.38	0.95

4. 试验效益分析

试验田施用"施地佳"土壤调理剂的价格 26 元/kg，"神锄列当"复合微生物肥料的价格为 6 元/kg，"吉祥雨"叶面肥的价格为 8 元/kg。试验田较对比田水稻增产值、产投比见表 7-16。

表 7-16　试验田水稻相对于对比田的增产值、产投比

处理	每 667 m² 产量（kg）	增产量（kg）	价格（元/kg）	增产值（元）	每 667 m² 投入（元）	产投比
试验田	587.65	69.3	2.8	194.04	129.2	1.50
对比田	518.35	—	—	—	—	—

四、试验结论与建议

在试验条件下（盐碱较重、常年种植水稻），种植水稻施用"施地佳"土壤调理剂和"神锄列当"复合微生物肥料能提高水稻出苗率；每 667 m² 平均增产 69.3 kg，产投比达到 1.5，土壤全盐降幅 66.9%，pH 降幅 1.89%；促进水稻正常生长，减少死苗；水稻生育期配合喷施"吉祥雨"叶面肥能提高水稻每 667 m² 穗数、穗实粒数和粒重，降低水稻空秕率，提高水稻产量和产值。建议在当地耕地盐碱较重区域大面积示范推广"施地佳"土壤调理剂、"神锄列当"复合微生物肥料和"吉祥雨"叶面肥。

（该试验由宁夏回族自治区贺兰县农业技术推广中心李广成和成都华宏生物科技有限公司李智强、刘军共同完成）

案例七 "施地佳"土壤调理剂改良
甘肃盐化潮土案例

一、试验地基本情况

试验安排在张掖市甘州区乌江镇贾寨村农户郑红星、王家祥、李佩龙等的制种田。海拔 1 447 m，土壤类型为盐化潮土，试验前土壤（0～20 cm）养分测定值为：pH 为 8.29，有机质为 17.69 g/kg，全氮为 0.89 g/kg，碱解氮为 76.6 mg/kg，有效磷为 25.1 mg/kg，速效钾为 168.5 mg/kg。试验地平坦、整齐、肥力均匀，光照充足，前茬作物为糯玉米。

二、试验设计

1. 供试作物

制种玉米，由河南秋乐种业公司提供。

2. 试验示范设计与方法

示范共设 3 个处理，处理 1：常规施肥，基施 40%重过磷酸钙 1.5 kg，追施尿素 3 kg，于拔节期、大喇叭口期、抽雄期，结合灌水分三次施入，示范面积 800 m²；处理 2：常规施肥＋"施地佳"，示范面积 3 200 m²；处理 3：常规施肥＋"碱易客"，示范面积 3 468 m²。不设重复，示范区间设隔离埂，单灌单排。

3. 试验示范田间管理

处理 2 在灌水时随水冲施，每次每 667 m² 冲施"施地佳" 2 kg，共冲施三次；处理 3 在每次灌水前，每 667 m² 用 2 kg"碱易客"对水 200 倍液在玉米空行喷洒，全生育期共喷洒三次。各处理间除施肥外，其他田间管理措施相同。2015 年 4 月 10 日加埂、取土、施入基肥、覆膜，4 月 22 日播种母本，4 月 27 日、5 月 2 日按照制种公司要求错期种植父本。幼苗三叶一心时定苗，全生育期灌水 5 次，防病虫害 2 次。9 月 24 日田间考种，9 月 26 日小区收获单收计产。

三、试验结果与分析

1. 施用土壤调理剂对玉米各生育期的影响

从表 7 - 17 可知，株高，处理 2 最高，为 168.2 cm，处理 3、处理 1 基本一样；穗位高，处理 3 最高，为 70.9 cm，其次是处理 2、处理 1，分别为 69.7 cm、68.4 cm；茎粗，处理 1 和处理 3 均为 2.5 cm，处理 2 为 2.4 cm；穗长，处理 2 最长，为 18.2 cm，其次是处理 1、处理 3，分别为 17.9 cm、17.7 cm；穗粗，处理 2 最粗，为 4.4 cm，其次是处理 3、处理 1，分别为 4.3 cm 和 4.2 cm；秃顶长，处理 1 和处理 2 均为 1.4 cm，处理 3 为 1.3 cm；穗粒数，处理 3 最大，其次是处理 1、处理 2，分别为 238 粒、235 粒、232 粒。

表 7 - 17　不同处理玉米生物学性状

处理	株高 (cm)	穗位高 (cm)	茎粗 (cm)	穗长 (cm)	穗粗 (cm)	秃顶长 (cm)	穗粒数 (个)
1	164.5	68.4	2.5	17.9	4.2	1.4	235
2	168.2	69.7	2.4	18.2	4.4	1.4	232
3	164.7	70.9	2.5	17.7	4.3	1.3	238

2. 施用土壤调理剂对玉米产量的影响

在示范区和对照区分别选 3 个小区（30 m²）测定玉米鲜果穗的产量，从测定结果表 7 - 18 可知，处理 3 每 667 m² 产量最高，为 510.9 kg，较处理 1 每 667 m² 增产 27.1 kg，增产 5.60%；其次是处理 2，每 667 m² 产量为 498.9 kg，较处理 1 每 667 m² 增产 24.9 kg，增产 5.25%；处理 2 每 667 m² 产量为 484.8 kg，较处理 1 每 667 m² 增产 10.2 kg，增产 2.15%。对测产结果进行方差分析，结果表明：处理间差异达到显著水平。经用多重比较法得知，处理 3、处理 2 与处理 1 之间差异显著，处理 2 与处理 3 之间差异不显著。

<h3>表 7-18 不同处理玉米产量和相对产量</h3>

处理	小区产量（kg）				折合每 667 m² 产量（kg）	较对照	
	I	II	III	平均		每 667 m² 增产（kg）	增产率（%）
3	23.64	22.42	22.71	22.9	509.4	27.8	5.77
2	22.52	22.82	23.01	22.8	506.3	24.7	5.13
1（CK）	22.12	21.24	21.65	21.7	481.6		

3. 施用土壤调理剂对土壤的改良效果的影响

通过对试验前后土壤 pH、全盐含量、阳离子交换量、总碱度和碱化度等土壤性状变化幅度来评价土壤改良效果。由表 7-19 可知，处理 1 土壤 pH、全盐含量、阳离子交换量、总碱度和碱化度较试验前均有所增加，但幅度都不明显；处理 2、3 的土壤 pH、全盐含量、总碱度和碱化度较试验前有所降低，阳离子交换量较试验前有所增加，说明处理 2、3 对土壤均有一定的改良效果。处理 2 较试验前土壤 pH 降低 0.57，脱盐率为 15.47%，阳离子交换量增加 5.7%，总碱度和碱化度降低 5.27% 和 6.5%，改良效果显著。处理 3 较试验前土壤 pH 降低 0.54，脱盐率为 15.95%，阳离子交换量增加 6.46%，总碱度和碱化度降低 5.87% 和 7.73%，改良效果显著。

表 7-19 不同处理对土壤的改良效果的影响

处理	pH		全盐含量（干残渣）		阳离子交换量		总碱度		碱化度	
	测定值	变化	测定值（g/kg）	脱盐率（%）	测定值（cmol/kg）	变化率（%）	测定值（mmol/kg）	变化率（%）	测定值（%）	变化率（%）
试验前	8.29	—	4.20	—	10.52	—	3.41	—	11.39	—
处理 1	8.35	0.06	4.25	-1.19	10.67	1.43	3.49	2.34	11.42	0.26
处理 2	7.72	-0.57	3.55	15.47	11.12	5.70	3.23	-5.27	10.65	-6.50
处理 3	7.75	-0.54	3.53	15.95	11.20	6.46	3.21	-5.87	10.51	-7.73

注：通常情况下，试验效果显著的评价标准为土壤性状指标与对照比较变化幅度应不低于 5%，pH 变化不少于 0.5。

四、试验结论与建议

施用"施地佳"土壤调理剂，改良土壤效果明显，可提高玉米产量。施用"施地佳"土壤调理剂后，土壤 pH 均降低 0.5 以上，全盐含量、总碱度、碱化度的降低幅度和阳离子交换量增加幅度均超过 5%；处理 3 和处理 2 较农民习惯施肥分别增产 5.13% 和 5.77%。建议今后继续在本区域范围内的盐碱地上进行试验与示范，通过连续几年的施用改良，验证该土壤调理剂在改善土壤盐碱方面的实际效果，总结提出科学的施用方法。

图 7-7 施用土壤调理剂玉米对照

（该试验由张掖市农业节水与土壤肥料管理站侯德明、赵霞和成都华宏生物科技有限公司李智强共同完成）

案例八 "施地佳"土壤调理剂改良青海盐碱化枸杞地案例

一、试验地基本情况

试验田选择在尕海镇泉水村、柯鲁柯镇新秀村和怀头他拉镇西滩村（以下简称"三镇三村"）。三块试验地为交通便利、易于观察和管理、有代表性的田块，田面平整，肥力均匀，有一定程度的白碱和黄碱，排灌方便。种植水平与当地生产水平一致。

二、试验设计

1. 试验时间

2015 年。

2. 供试材料

"施地佳"土壤调理剂，"青杞一号"枸杞子品种。

3. 试验方案

试验设 4 个处理，3 次重复，随机排列，每个小区枸杞树不少于 80 株，共 10 个小区。处理 1："施地佳"土壤调理剂施用量每株 5 g；处理 2：施用量按每株增加 5 g（10 g/株）；处理 3：施用量按每株增加 10 g（15 g/株）；处理 4：对照，常规栽培，不采用任何土壤调理剂。

4. 田间管理

试验地各处理田间农艺与大田措施一致。试验前取基础土样化验，收获后测产及取土化验分析，测定项目为有机质、全氮、全磷、全钾、有效磷、速效钾、pH、土壤全盐含量。每个生育期调查不同处理的生物学性状及病虫害发生情况，收集各小区图片资料，枸杞成熟后及时进行田间测产，各小区单打、单收，计算产量。收获前每小区采集 5 株样品，进行室内经济性状考种。

三、试验结果与分析

1. "施地佳"土壤调理剂对枸杞农艺性状的影响

从长势看，在田间管理措施一致的条件下，施用"施地佳"土壤调理剂的处理，枸杞长势旺盛，枸杞叶色浓绿、叶宽叶大，开花早，挂果多，果色鲜红，粒大。对照地由于盐碱危害，植株干瘦，叶灰暗，果粒小，挂果少。

2. "施地佳"土壤调理剂对枸杞产量的影响

由表 7-20 可见，尕海镇泉水村 80 棵枸杞产量较对照增产 5 kg，增产率 7.14%；柯鲁柯镇新秀村 80 棵枸杞产量较对照增产 3 kg，增产率为 6.7%；怀头他拉镇西滩村 80 棵枸杞产量较对照增产 1.6 kg，增产率为 3.27%。由以上分析可知，在不同的土壤类型中"施地佳"土壤调理剂施用量 15 g/株时，增产明显。

表 7-20　"施地佳"土壤调理剂枸杞产量分析对比

	处理 1 (kg)	处理 2 (kg)	处理 3 (kg)	对照 (kg)	较对照增产 (kg)	增产率 (%)
尕海镇泉水村	66.4	70.5	73.1	65	5	7.14
柯鲁柯镇新秀村	42.5	43.3	48.6	41.8	3	6.70
怀头他拉镇西滩村	48	48.5	50.2	47.3	1.6	3.27

注：每个处理为 80 棵树。

3. "施地佳"土壤调理剂施用前后对土壤盐碱及养分的影响

试验前，枸杞田土壤板结龟裂、坚硬，分布有大、小片不等白碱和黄碱，我们在"三镇三村"枸杞田取样进行土壤分析。枸杞收获后，待土壤稳定进行取土分析。发现土壤疏松，片碱片盐消失，土壤变为棕色且易耕。土壤理化性状得到有明显改善。试验表明，一季枸杞收获后，土壤养分有所下降，但变化不明显。三个村施用"施地佳"土壤调理剂后土壤含盐量和 pH 有所下降（表 7-21），特别新秀村下降最为明显，含盐量下降了 16.63%，pH 下降了 1.35%；其次是西滩村含盐量下降了 6.69%，pH 下降了 1.94%；最后是泉水村含盐量下降了 5.56%，pH 下降了 1.56%。总之，三个村施用"施地佳"土壤调理剂，能够明显改良枸杞田盐碱土壤，而且效果明显。

表 7 - 21　施地佳土壤调理剂前后土壤分析

试验地点		全 N (g/kg)	全 P₂O₅ (g/kg)	全 K₂O (g/kg)	碱解 N (mg/kg)	速效 P (mg/kg)	速效 K (mg/kg)	有机质 (g/kg)	全盐 (g/kg)	pH
尕海镇泉水村	试验前	0.65	1.03	26.78	84	13.4	125	12.54	1.08	8.34
	试验后	0.63	1.11	25.35	72	13.8	122	11.51	1.02	8.21
怀头他拉镇西滩村	试验前	1.31	1.02	34.12	324	13.1	398	17.8	17.65	8.26
	试验后	1.29	1.08	33.74	316	12.3	412	16.31	16.47	8.1
柯鲁柯镇新秀村	试验前	1.39	2.29	22.08	305	9.5	315	22.02	8.3	8.14
	试验后	1.42	2.24	21.64	309	10.8	297	21.22	6.92	8.03

四、试验结论

通过施用"施地佳"土壤调理剂,枸杞长势旺盛,枸杞叶色浓绿、叶宽叶大,开花早,挂果多,果色鲜红,果粒大。对照地由于盐碱危害,植株干瘦,叶灰暗,果粒小,挂果少。80 棵枸杞产量分别比对照增产 5 kg、35 kg、1.65 kg,增产率分别为 7.14%、6.7%、3.27%,增产明显。三个村土壤含盐量和 pH 有所下降,含盐量分别下降了 16.63%、6.69%、5.56%,pH 分别下降了1.35%、1.94%、1.56%。施用"施地佳"土壤调理剂能够明显改善枸杞田土壤盐碱。

(该试验由青海省德令哈市农业技术推广站许绍全和成都华宏生物科技有限公司李智强共同完成)

案例九　"土狼"碱性土壤调理剂改良 吉林盐碱化稻田案例

一、试验单位介绍

山东省中环农业科技有限公司是一家集研发、生产、销售于一体的高科技企业,专业生产土壤调理剂、生物肥料、有机肥料。公司一直秉承以科技谋发展,以质量求生存的经营理念,经过十几年的探索研究,终于在 2015 年研发成功酸性土壤调理剂与碱性土壤调理剂;该产品是高分子特殊的材料,具有强大的酸碱调节功能,在酸性或碱性土壤环境中遇水则迅速释放氢氧根离子或氢离子来调节周围土壤酸碱度趋向中性,并具有稳定性;公司生产的"土狼""地姆灵"等产品已经通过国家工商总局注册,产品已经在黑龙江、吉林、辽宁、内蒙古、新疆、山东等地示范推广。

二、试验设计

1. 示范作物及品种

水稻,品种为白粳 1 号。

2. 示范用土壤调理剂

"土狼"碱性土壤调理剂。主要成分为氨基酸(氨基酸含量 116 g/ml),pH 为 3.81。

3. 示范地点、时间及土壤养分情况

2017 年 4～10 月,本试验示范在吉林省白城市洮北区到保镇高平村三社苏打盐碱地水田进行;试验前土壤养分情况如下:pH 为 9.1,碱解氮为 112.4 mg/kg,速效磷为 23.7 mg/kg,速效钾为 136.5 mg/kg,有机质为 1.58%,总盐分为 7.84 g/kg。

4. 示范设计

试验采用随机排列,设 3 个处理,3 次重复。小区面积为长 20 m×宽 5 m＝100 m²。面积总计 1 300 m²。试验设置:A1 处理为"土狼"碱性土壤调理剂 48 kg/hm²,即小区施用 0.48 kg;A2 处理为"土狼"碱性土壤调理剂 96 kg/hm²,即小区施用 0.96 kg;

A3 处理为"土狼"碱性土壤调理剂 144 kg/hm²，即小区施用 1.44 kg；B1、B2、B3 处理为对照。

5. 施用方法

在水稻耙地前，将"土狼"碱性土壤调理剂按照各小区用量施入田中，然后进水耙地，待水清后排水，施肥后再入水。核心示范田栽培管理措施及水肥管理措施与当地大田同步、一致。

6. 田间管理

(1) 育苗、插秧时间 4 月 9 日育苗，5 月 18 日插秧。

(2) 施肥量 基肥：复合肥（13-17-15）600 kg/hm²，硫酸钾 40 kg/hm²；追肥：尿素 150 kg/hm²。合计：纯 N 147 kg/hm²，P_2O_5 102 kg/hm²，K_2O 110 kg/hm²。

(3) 插秧密度 株行距 30 cm×20 cm。

(4) 病虫草害防治 同试验区水稻本田管理一致。

7. 田间调查方法

按试验示范处理区和对照区分区定点调查，每区 1 个点，每点 5 株。土壤样品为每小区取 3 个点的混合样。

三、试验结果与分析

1. 施用土壤调理剂对土壤的影响

从表 7-22 可以看出，应用土壤调理剂后，经过排水，水稻田苗期 pH 达到中性（7.23），盐度达到 1.78 g/kg，满足了水稻生长发育需要。收获期田间 pH 和土壤含盐量相对稳定，显著低于对照处理。

2. 施用土壤调理剂对水稻分蘖的影响

从表 7-23 可以看出，水稻在盐渍化危害严重的情况下，死苗严重，6 月 23 日基本苗只剩下了 81%，水稻表现僵苗，生长发育迟缓；而应用"土狼"碱性土壤调理剂的处理，均表现出分蘖力增强，叶色浓绿，发育旺盛。水稻在盐渍化危害严重的情况下，生长发育受到了极大的阻碍，整个生育期基本苗仅剩下 55.2%，而应用"土狼"碱性土壤调理剂的处理田块，水稻生长发育良好。

表 7 - 22 秧苗期土壤 pH 与盐分分析（5 月 18 日）

项目	苗期 pH	苗期盐度（g/kg）	收获期 pH	收获期盐度（g/kg）
A1	7.69	2.15	7.05	1.86
A2	7.12	2.06	7.12	1.97
A3	6.87	1.14	7.02	1.12
B1	8.63	7.85	8.67	7.69
B2	9.04	7.55	9.04	7.57
B3	8.72	8.12	8.70	8.24
处理平均值	7.23	1.78	7.23	1.65
对照平均值	8.80	7.84	8.80	7.83

表 7 - 23 水稻田间调查结果

项目	插秧穴数	水稻成活穴数	水稻收获穴数	分蘖数	分蘖期叶色
A1	2 500	2 410	2 400	4.3	绿
A2	2 500	2 440	2 430	5.6	绿
A3	2 500	2 470	2 410	6.5	浓绿
B1	2 500	2 020	1 530	1.2	黄
B2	2 500	1 980	1 250	2.0	浅绿
B3	2 500	2 120	1 360	1.3	浅绿
处理平均值	2 500	2 440	2 413	5.5	
对照平均值	2 500	2 040	1 380	1.5	

3. 施用土壤调理剂对水稻产量的影响

从表 7 - 24 可以看出，随着"土狼"碱性土壤调理剂的应用数量的增加，产量增产明显，增产幅度达到 59.6%。

表 7 - 24　水稻产量调查（9 月 25 日）

项目	小区产量 （kg）	折合公顷产量 （kg/hm²）	较对照增产幅度 （%）
A1	76.8	7 680	46.1
A2	84.5	8 450	60.7
A3	90.5	9 050	72.1
B1	45.8	4 580	
B2	55.2	5 520	
B3	56.7	5 670	
处理平均值	83.93	8 393	59.6
对照平均值	52.57	5 257	

四、试验结论

应用"土狼"土壤调理剂后，经过排水，水稻田 pH 达到中性（7.23），盐度达到 1.78 g/kg，满足了水稻生长发育需要，水稻生长发育良好，产量较高，田间 pH 和土壤含盐量相对稳定，并且随着"土狼"碱性土壤调理剂的应用数量的增加，产量增产明显，增产幅度达到 59.6%。

根据土壤化验分析，试验前水稻田盐分含量为 7.84 g/kg，试验后盐分总量减少至 1.78/kg，盐分总量下降 6.06 g/kg，说明"土狼"碱性土壤调理剂具有降低土壤盐分的作用，对盐碱地具有明显的改良效果。从产量上看，施用"土狼"碱性土壤调理剂的处理，在不同应用数量上平均增产 3 136 kg/hm²，增收 8 780.8 元（水稻以 2.8 元/kg 计），增产幅度达到 59.6%。从应用数量上看，在重盐碱地上施用"土狼"碱性土壤调理剂的处理，以用量144 kg/hm²的处理产量最高。

（该试验由山东省中环农业科技发展有限公司委托吉林省白城市洮北区农业科学技术推广站毕长海完成）

案例十 "田美乐"土壤调理剂改良 湖北盐碱地案例

一、案例背景

1. 项目单位基本情况

深圳柏施泰环境工程有限公司成立于 2014 年 3 月,专注于国内土壤改良与修复,致力于成为国内最领先的水土健康管理专家。通过自主研发核心技术,从健康植物中提取痕量信号物质,以唤醒土壤及水体土著有益微生物,恢复其微生态平衡。2015 年以来共实施 18 项研发项目,获得授权发明专利 1 件,新申请发明专利 1 件,开发新产品 3 个,与 4 名土壤修复专家及其团队开展具体的科研项目合作,在全国 15 个地区开展试验示范 278 个,证明"田美乐"土壤调理剂对土壤有益微生物的数量和种类、盐碱地土壤胁迫障碍、板结酸化土壤改善效果显著。"田美乐(TM)"获得全国十佳特肥大单品荣誉称号。

2. 微生物菌剂对土壤盐碱地改良的作用

(1) 提高盐碱地土壤有机质,促进团粒结构的形成 微生物菌剂中含有的有益微生物在盐碱地土壤中繁殖的过程中会产生一些多糖、有机酸等有机物质。一方面这些有机物质可以降低盐碱地的 pH,减少盐碱地中盐分的有效性;另一方面这些有机物质与土壤结合,形成团粒结构,使盐碱地土壤变得疏松,增加盐碱地土壤中气相的比例,降低盐碱地土壤容重,促进盐碱地淋盐,抑制返盐,降低盐碱地土壤表层盐分。

(2) 增加盐碱地土壤微生物的多样性,有利于菌根的形成 微生物菌剂可以增加盐碱地土壤有益微生物的数量和种类,其中某些细菌可以通过化能合成作用利用盐碱地的矿物质,形成酸性物质,降低盐碱地的 pH,例如氧化硫硫杆菌、排硫硫杆菌等;而植被根系可以与一些真菌形成菌根,菌根真菌可增加作物粗根的数量,增加根的活力,促进宿主植物根系在土壤中吸收营养养分,并可以提高宿主植物对生物和非生物胁迫的抗性，形成良好的植物—土壤—微生物生态环境。

（3）提高土壤中有效养分的含量，有利于培肥地力 使用微生物菌剂后，形成庞大的微生物群落，有利于盐碱地土壤养分的活化，使盐碱地土壤中固定态养分转变为有效态，例如土壤中的固氮、解磷、解钾等微生物，使用微生物菌剂可以增加其活跃性，有利于盐碱地土壤养分的活化，促进作物对养分的吸收，从而有助于土壤盐碱地的改良。

3. 项目地情况简介

该试验基地位于武汉市黄陂区。黄陂区面积 2 261 hm²，地跨北纬 30°40′～31°22′，东经 114°09′～114°37′。黄陂区属亚热带季风气候，雨量充沛，光照充足，热量丰富，四季分明，年平均无霜期 255 d。春季温和湿润，夏季高温多雨，秋季凉爽少雨，冬季干燥阴冷。多年均日照时数 1 917.4 h。多年均降水量在 1 202 mm，为中南地区降水量较均衡的地区。境内年平均气温为 15.7～16.4 ℃。一年中，平均气温以 1 月最低，月平均气温 3.2 ℃；7 月最高，月平均气温 28.4 ℃，空气相对湿度年平均 75.5%。年平均降水日数（≥0.1 mm）为 121.5 d。

二、试验设计

1. 示范作物及品种

叶用辣椒。

2. 示范用土壤调理剂

"田美乐"土壤调理剂是一种水剂，主要由以下两种成分组成。

（1）微生物的食物来源 海藻、糖浆、鱼粉、腐殖酸及其他有机物（例如小麦和大麦秸秆），同时含有少量植物矿质营养元素（氮、磷、钾、锌、铁、镁、硼）。这些成分可以直接给土壤中现有的微生物提供食物补充。

（2）植物分泌物 酶、氨基酸以及植物蛋白等，这些分泌物是从多种植物中提取而来的。这是"田美乐"土壤调理剂的核心成分，可以激活土壤中土著的休眠微生物。

3. 示范地点、时间及土壤养分情况

2014 年 7～9 月，本试验示范在武汉市黄陂区蔬菜基地进行。

4. 示范设计

试验设 2 个处理，分别为常规施肥（CK）与"田美乐"土壤调理剂（TM）处理。

表 7 - 25　"田美乐"土壤调理剂试验处理

处理名称	处理方法	使用时间	
		第一次	第二次
CK	常规施肥	—	—
TM	每 667 m² 减肥 1/3＋TM100 ml	2014 年 7 月 25 日（地表每 667 m² 喷施 50 ml）	2014 年 8 月 12 日（地表每 667 m² 喷施 50 ml）

注：常规施肥量每 667 m² 为 40 kg。

5. 施肥方法

核心示范田栽培管理措施及水肥管理措施与当地大田同步、一致。

三、试验结果与分析

1. 土壤盐分对比

"田美乐"土壤调理剂中的植物分泌物喷施到土壤中时，会增加土壤微生物的数量，提高微生物群落结构的多样性。一方面，微生物分泌的有机物质可以螯合或者络合土壤中的盐分，降低土壤盐分的有效性；另一方面，微生物死亡以后形成的新的活性有机质，可以促使土壤形成良好的团粒结构，使土壤松散，促进了盐分的淋洗。实验效果如图 7 - 8 所示，对照土壤板结、干裂，表明盐化严重，使用两次"田美乐"土壤调理剂后，土壤团粒结构明显增多，土壤更加疏松透气，保肥保水性更好，有效地降低了土壤表面的盐渍。

2. 植株长势对比

"田美乐"土壤调理剂中含有特有的植物源活性物质，可以促进植物根系伸长，使作物吸收更多的养分，缓解由于盐分过高带来

対照　　　　　　　　　　　　　"田美乐"

图7-8　施用"田美乐"土壤调理剂与对照土壤对比

的胁迫，使植物健康生长；另外，通过植物信号物质唤醒土壤微生物，使植物根际微生物更加活跃，根际土壤更加健康，形成根系—土壤—微生物良好的生态环境，因此作物长势更加整齐。效果对照如图7-9所示，辣椒出苗率明显提高，植株长势更加整齐，叶片更厚，颜色更深，肉眼可见产量增加。

対照　　　　　　　　　　　　　"田美乐"

图7-9　施用"田美乐"土壤调理剂与对照植株长势对比

3. 产量对比效果对比

作物高产离不开健康的土壤，通过使用"田美乐"土壤调理剂改良土壤后，盐分对辣椒带来的胁迫得到明显改善，当季作物产量提升效果显著。实验结果如表7-26所示，未使用"田美乐"土壤调理剂地块每 667 m² 产量为 375 kg，而使用"田美乐"土壤调理剂的地块每 667 m² 产量则达到 450 kg，其增产率高达 20％。

表 7 - 26　施用"田美乐"土壤调理剂与对照产量对比

处理名称	每 667 m² 产量（kg）	增产率（％）
CK	375	—
TM	450	20

四、试验结论与建议

使用"田美乐"土壤调理剂后，叶用辣椒种植土壤的板结、盐碱化得到缓解；土壤更加疏松透气，土壤颜色更深，保肥保水性增加；辣椒植株根系发达，毛细根数量明显比对照多；辣椒叶颜色更绿，整体长势更齐，蔬菜品质更好；在减少化肥 1/3 的情况下，使用过"田美乐"土壤调理剂的叶用辣椒产量仍高于对照，最高增产率达 20％。针对问题相对严重的土壤（酸化、盐碱化、土传病害、重茬等），可以加大使用剂量，具体用量请咨询当地经销商或相关技术人员。

案例十一　暗管排盐与土壤调理剂结合改良河套中度盐碱地案例

一、项目背景

1. 项目区域基本情况

巴彦淖尔位于内蒙古西部，在北纬 $40°13'\sim42°28'$，东经 $105°12'\sim109°53'$ 之间，东接包头，西连阿拉善盟、乌海市，南隔黄河与鄂尔多斯市相望，北与蒙古国接壤，总面积 6.4 万 km^2。巴彦淖尔市属典型的中温带大陆性季风气候，多年平均气温 $3.7\sim7.6\ ℃$。巴彦淖尔境内河套平原年降水量为 $130\sim285\ mm$，雨量多集中在夏季 7、8 月，且多暴雨。多年平均年蒸发量为 $2\,030\sim3\,180\ mm$。巴彦淖尔市平均日照时数在 $3\,100\sim3\,300\ h$，是我国日照时数最多的地区之一，有利于发展长日照作物。全市土壤类型较多，有灌淤土、盐土、碱土、风沙土、潮土等十四个土类。

2. 项目单位情况简介

土壤调理剂示范区位于巴彦淖尔市临河区乌兰图克镇新胜村，面积约 $0.34\ hm^2$，灌排设施配套。试验前几年种植向日葵每 $667\ m^2$ 产量均不超过 25 kg，因此该地块试验前已被撂荒。对项目地土壤进行检测，土壤 pH 为 8.94，含盐量为 7.9 g/kg，阳离子交换量为 6.3 cmol/kg。

暗管排盐示范区位于巴彦淖尔农牧业科学研究院内，大致呈梯形，西侧紧邻主排渠，占地约 20 hm^2，土地现状为耕地，近几年一直作为试验田使用，排灌渠设施较为完善。由于秋季有灌水保墒的耕作习惯，导致地下水位升高，同时土壤蒸发作用强烈，因此该区土壤盐碱化程度较高，局部地区积盐、返盐现象明显。针对项目地土壤情况的采样分析表明，土壤类型为壤土，项目区土壤耕作层含盐量达 8.8 g/kg，pH 为 8.67，达到重度盐碱土级别。

二、技术原理

1. 土壤调理剂

北京本农科技发展有限公司技术研发中心根据多年试验研制出天然矿物复合土壤调理剂。矿物质材料选用了以多种天然非金属矿物为原料加工生产的多性能优良调理材料，该材料杂质率低，营养元素种类多、含量高，土壤调理剂施用后对于土壤的理化特性和生物学特性产生影响，有益微生物的数量和活性也相应提高。既改善土壤物理结构有利于土壤脱盐与抑制返盐，又能补充作物在盐碱环境下的养分需求，从而达到改良盐碱地的目的。

(1) 活化 通过高温、高压、加入活化剂等方法以使天然矿物的硅氧四面体支撑结构解体，形成的矿物质晶体内部孔道尺寸大小一致，具有分子筛作用，从而有效提高天然矿物的通透性、纯度、吸附和交换性能。

(2) 细化 新生成的矿物颗粒为纳米—微米级的微粒，是一类带有负电荷，具有高表面能活性的细微颗粒，可有效吸附土壤中的盐基离子，并且具备一定养分载体作用。

(3) 膨化 把原始材料膨化为微孔发育的疏松状态，类似土壤团粒结构，可增加土壤孔隙度和比表面积，有效改善土壤质地。

(4) 物理吸附 通过范德华力将 Na^+、Cl^- 等盐基离子吸附在矿物质的内外表面。

(5) 化学吸附 主要表现在两个方面：① 通过不同价态的离子与晶体中的 Mg^{2+}、Al^{3+}、Fe^{3+} 发生交换，形成表面电荷非平衡分布和不均匀力场，利用矿物表面原子的剩余成键能力进行吸附；② $Si-O-Si$ 中氧硅键的断裂可以与被吸附的物质形成共价键，产生较强的吸附能力。

(6) 吸附作用效果 天然活化矿物的吸附、交换作用，可改善土壤机械组成和缓冲性能，加速有害盐碱离子和重金属离子的吸附和交换，减少植物对盐分离子、重金属离子等有害离子的吸收，为作物营造良好的根际生长环境。

2. 暗管排盐

暗管排盐技术的核心思路主要有两点：一是利用灌溉水或自然降水对含盐土层进行冲洗脱盐，遵循"盐随水来，盐随水去"的原理，通过暗管将这些洗盐水排出；二是把地下水位控制在某一适宜的深度，防止土壤向上返盐，从根本上解决土壤次生盐渍化的问题，为植物生长提供良好的土壤条件。

暗管排盐系统主要由田间吸水管和集水管两部分组成，前者主要是排出土壤中多余的水分，控制地下水位，调节土壤水盐状况；后者主要是汇集吸水管排出的地下水，并输送到主排渠。如果当地排水设施不完善，可以在集水管末端设集水井，建立光伏泵站系统，按需强排。

三、实施方案

1. 土壤调理剂

（1）施用之前进行土地平整。

（2）整地后按每 667 m^2 用量 200 kg 施入天然矿物调理剂，施入时可将外包装一端剪开，均匀拖施，在具备机械作业的条件下也可用施撒机进行施入。施入量可根据土壤含盐量情况调整。

（3）调理剂撒施完毕后，对土地进行旋耕，使调理剂与土壤充分混合。

（4）按当地耕作习惯从灌渠引水进行漫灌，一般漫灌水深25～30 cm（若当地无漫灌此步骤可省略）。

（5）待水退后，土壤仍保持一定湿度时播种（用手抓一把土壤握团，落地时土壤颗粒可均匀散开）。

（6）出苗后进行田间精细管理，适时疏松土壤并除草。

2. 暗管排盐

对项目区土壤容重、孔隙度、土壤渗透系数、机械组成等进行测定，根据项目区立地条件及土壤测定结果设计具体实施方案。

（1）根据示范区面积及立地条件，田间吸水管间距 25 m，起始端埋深 1.7 m，坡降 1.0‰。

（2）吸水管按南北方向铺设，管材使用 PE 单臂波纹管，管径

为 DN80 mm。管壁上进水孔应处于波谷底部，宽度不大于
2.0 mm。同一圆周上进水孔个数不少于三个，每米管长进水孔面
积应不少于 31 cm^2。

（3）吸水管周围包裹无纺布滤料，相比砂滤具有施工简便、节约
成本的优点，同时可防止泥沙堵塞管孔，又不影响透水排盐效果。

（4）集水管设计在项目区北侧，采用 DN160 mm PVC 管材，
由东向西铺设，长度约 470 m。

（5）吸水管与主管连接处设计一座观察井，用于观察吸水管和
集水管的运行情况以及后期的疏通维护。

（6）项目区西北角设计一口 20～30 m 深集水井，由吸水管流
到集水管中的水流最终汇集到集水井中，按需强排（若项目区不具
备用电条件，需建设光伏泵站）。

四、改良效果

1. 土壤调理剂

在新胜村示范区施用土壤调理剂后第一年土壤 pH 降低 0.5、
全盐含量降低 2.2 g/kg，向日葵每 667 m^2 产量达到 80 kg（改良前
几乎不出苗，产量为零）；第二年土壤 pH 持续降低 0.05、全盐含
量持续降低 0.9 g/kg，向日葵每 667 m^2 产量可达 140 kg。该试验
表明土壤调理剂对盐碱土起到很好的改良效果。更重要的是，这种
效果具有很好的持续性，向日葵产量连续两年持续提高，真正收到
"一年改良，多年受益"的效果。

2. 暗管排盐

表 7-27　暗管排盐对土壤性质及作物生长影响

处理	pH	全盐（g/kg）	出苗率（%）	每 667 m^2 产量（kg）
BN	8.26	2.9	82	160
CK	8.58	5.5	60	105
原始值	8.67	8.8	62	95

由表 7-27 可以看出，经过暗管排盐改良后，土壤 pH 及全盐

含量均呈现出不同程度的下降，其中土壤 pH 下降 0.41，全盐量下降 39.6%，土壤理化性质变化十分显著。改良当年出苗率可提高 20%，每 667 m² 增产约 50 kg，增收效果明显（图 7 - 10）。

土壤调理剂对照区　　　　　　　　　土壤调理剂试验区

毛管铺设　　　　　　　　　　　主管铺设

图 7 - 8　暗管铺设及土壤调理剂对照

图书在版编目（CIP）数据

盐碱地改良技术实用问答及案例分析 / 梁飞，李智
强，张磊主编 . —北京：中国农业出版社，2018.10（2022.10 重印）
ISBN 978 - 7 - 109 - 24618 - 8

Ⅰ.①盐⋯　Ⅱ.①梁⋯ ②李⋯ ③张⋯　Ⅲ.①盐碱土
改良-案例　Ⅳ.①S156.4

中国版本图书馆 CIP 数据核字（2018）第 215185 号

中国农业出版社出版
（北京市朝阳区麦子店街 18 号楼）
（邮政编码 100125）
责任编辑　魏兆猛

中农印务有限公司印刷　新华书店北京发行所发行
2018 年 10 月第 1 版　2022 年 10 月北京第 2 次印刷

开本：880mm×1230mm　1/32　印张：6.5　插页：2
字数：167 千字
定价：29.00 元
（凡本版图书出现印刷、装订错误，请向出版社发行部调换）